U0397003

（南非）艾丹·哈特 (Aidan Hart) / 编

齐梦涵 / 译

移动的建筑
——摩登集装箱

Modern Container
Architecture

广西师范大学出版社
· 桂林 ·

images
Publishing

目 录

构建建筑新未来——集装箱时代

艾丹·哈特
Inhouse Brand 建筑事务所总裁

海运集装箱是全球贸易和产品销售的典型象征。它们代表着全球流动和我们把任何东西运往任何地点的能力。但有趣的是，越来越多的集装箱被用于建筑设施，构建更多静态的或临时或永久的建筑结构。

集装箱简史

集装箱改变了世界贸易方式。在运输货物的标准化货箱出现之前，单独的货物在生产地被人工装箱，再被运到港口或其他交易地点。在那里，这些货物再由人工从船或货车上卸载下来，交付到收货者手中。这个耗时又费力的过程会因为运输延误而恶化：船和其他运输工具需要在沿途经停多站以便卸货和装货。这个被称为"零散装卸货物"的过程，在 18 世纪末开始发生改变。

1766 年，英国工程师詹姆斯·布林德利设计出了一种运输煤块的箱子船。这种船被称为"Starvationer"，能容纳 10 个木制集装箱。这是历史上使用集装箱作为载体把货物从一个地点运到另一个地点的首次记载。稍后，1795 年，另一位英国工程师本杰明·乌特勒姆开发出一种"小伊顿梯板"，它能用来把装满煤块的集装箱从四轮马车和河运驳船上转移到其他运输工具上。集装箱最开始由木材制成。从 19 世纪 40 年代起，经销商们开始使用铁质的集装箱。20 世纪早期开始，封闭的集装箱开始被广泛使用，原始的开顶设计则逐渐被淘汰。集装箱化使得把货物从在不同港口间往来的货船运到火车或其他交通工具上这一过程变得简单得多。

一个改变世界的简单想法

集装箱进化的下一步产生于 1955 年。到了这个时候，全球的制造商和经销商都已经看到使用集装箱运输货物所带来的利益。但是一个简单的想法，推动了集装箱发展进程的加快。

马尔科姆·P.麦克林是美国北卡罗来纳州的一个卡车运货公司的老板，他构思的一个想法进一步提高了货物配送的效率。麦克林的想法就是把整个装载着货物的卡车拖车直接运到轮船上。而在旅途结束后，装载全部货物的卡车也将被直接卸载，并继续驶向它们的最终目的地。麦克林简单又不乏创意的想法，通过消除不同运输模式之间装卸集装箱的过程，把配送周期减到最小。这种被称为内部形态论的概念，彻底改变了全球贸易。

从那之后，货船装载着目的地位于遥远海岸的集装箱，穿行于全世界各大洋上。因这个想法而取得的成效开始迅速升级，在此简单列出其轨迹：1968 年，麦克林设计出这个概念短短 13 年后，第一批能容纳 1000 个国际标准集装箱（ETU）的集装箱货船被建造出来。1 年之后，25 艘能容纳 2000ETU 的集装箱货船被建造出来。

集装箱化使世界变小了，为此前从未有过的贸易关系打开了大门，并强化了历史上的贸易线路。到了 1972 年，来自美国、欧洲和亚洲的集装箱货船就已达到 400 万 ETU 的运输能力。11 年后，这种运输能力增长到 1200 万 ETU。

因为集装箱化已成为国际货运标准，所以这个数字每年还在呈指数增加。《经济学人》杂志这么形容集装箱："其对全球化的驱动力大于过去 50 年来全部贸易协定的总和"。

单一用途和循环经济

经过一段时间以后，集装箱本身的成本显著下降，这对人们使用集装箱的方式产生了影响。今天，一个集装箱只使用一次，成本更低廉。货物从一个港口运出，在另一个港口被清空。一旦集装箱里的货物被清空，它们就因为经济上的原因而被闲置下来。把空集装箱运回原来的港口比使用全新的集装箱的成本要高得多。对于海运经营者来说，遗弃这些集装箱比销毁它们要更划算。

集装箱的组装部件不能被单独使用，也无法被熔化重炼。熔化 12.19 米的集装箱需要大约 8000 千瓦时的能量，这相当于一个普通家庭一年的能源使用量。因此，每年，全世界的各个港口都有更多的集装箱被废弃不用，闲置落灰。堆积的集装箱为城市规划者和业主带来挑战的同时，这种用途单一的物品却为建筑行业提供了一个重大机遇。循环经济要求产品在实现其原本用途之后，还能被回收利用。而本书探讨的集装箱建筑，使一次性的集装箱以建筑的形式重获新生。

伦敦南岸 Wahaca 餐厅 / 该餐厅为客人提供了充满创意性且舒适的就餐环境

作为建筑材料的海运集装箱

虽然集装箱被用于海运时有显著的优势，但我认为它们被用于住房目的时更能凸显其自身价值。集装箱建筑是从海运业的一个不可持续发展的实践中产生的意外产物，其积极意义却丝毫不减。把海运集装箱改建为建筑物的概念最早成型于 1989 年，菲利普·C. 克拉克因其"在一个建筑工地上用一个或多个集装箱构建住房的方法"而获得专利。从那之后，有关集装箱建筑的更伟大的创意和更勇敢的宣言在世界各地层出不穷，设计师们认为无论在世界哪个角落，无论是何种项目，集装箱建筑都是一种理想的建筑模式。

我一直热爱集装箱建筑的概念。改造一个结构稳定的箱子，使其符合客户的需求，这一概念为设计师提供了一个可以真正展现他们创造力的独特机会。相似的，乐高玩具通过紧密地结合在一起来组成不计其数的不同形态，集装箱也是如此。

我从十多年前开始进入集装箱建筑的领域。我经营着一家叫作 Inhouse Brand 建筑事务所的建筑公司，公司总部设在南非开普敦。作为一名建筑师，我的客户依赖我和我的团队为他们找到满足他们的需求且适应施工地点环境的最佳解决办法。解决方案取决于客户的预算，也根据项目和地点的不同而有所变化。可以说，项目地点是影响项目最终成果的最重要的起始点。

建筑师的角色是把以尊重施工地点环境为前提的最好的建筑成果交付给客户。我们评估施工地点的各种可能性和制约条件，这其中包括地势、朝向、自然特征和其他因素。地点条件将会影响最终产物、朝向，材料和施工方法。但是，在某些案例中，地点的条件也会限制建筑的可能性。

集装箱建筑使我能够更加专注于地点的可能性，而不是制约条件上。多年来，我开发出我称之为取景器的原则，也就是说把建筑带到景色中来，而不是向地点妥协，使建筑物适应其所在的环境。采用这种方法可以使设计方案最大限度地展现施工地环境的特色。我开始探索模块分段装配的潜力，并很快就看到了回收利用集装箱的巨大可能性。利用集装箱来进行工作，使我可以贯彻以灵活、创造性的想法最大限度地展现施工地点环境特色的原则。

自从我踏上这段旅程，我的团队和我个人都曾经为商业目的和零售业设计过各种集装箱建筑方案。在撰写本文的这段时间，我们还有一些正在进行中的项目，这些项目都充分利用了回收集装箱的多功能性。其中的两个项目，一个是商业办公空间，一个是装配式酒吧，这两个项目都将于 2017 年竣工。

为什么使用集装箱

持久耐用且易拆卸

集装箱的两个基本特征使它们成为当代住宅和商业项目的理想选择：耐久性和易用性。它们非常结实。集装箱被专门制造用来运载重物，保护其中货物在运输过程中免受损伤。它们由 14GA 钢制成，能够承受相互叠放施加的压力。在强风和极端环境条件的作用下，它们依然能保持坚固，尤其是在它们被安全地固定住之后。此外，它们的标准形态和可移动性允许设计师们创建各种灵活的配置。

海运集装箱是为了特定目的而设计出来的。它们结构稳固，并且进行了有效的防水加工，以使它们能在全球海洋的运输过程中防止里面的货物被渗入的海水损坏。这些内在特性使集装箱外壳完全适合改装为建筑物。防水性和结构上的稳定性对于构建建筑结构，无论是商业地产还是住宅地产，都是重要因素。

集装箱也有可移动的特性，它能被简单地从一个地点转移到另一个地点。一旦到达目的地，它们可以被就地组装。而由集装箱组装的临时设施也可以被简单地拆除。这种可移动性为设计师提供了极大的灵活性：这种临时性中也包含着价值。因为集装箱有统一的形态，它们可以被整排整排地叠放起来组成多个单元。这使得建筑结构可以依照使用者的需求改变其规模大小。

除了结构功能，集装箱的工业美感及其侧面和顶部的起褶皱的质地，能够为建筑物带来独特的个性。这种结构也能用创造性的方法被包裹起来，将其任何能提示其原本用途的线索都消除掉。设计师们非常欢迎这种多功能性，它们就像空白的画布，等待设计师们的想象力将其填满。

节省时间、金钱和人力

传统上，一个建筑项目甚至在施工的第一步开始之前，就需要时间、金钱和人力。砖和砂浆的施工昂贵且耗时，还包含许多不确定性，这些因素有可能导致施工延期甚至完全停滞。项目的延期和取消会形成连锁反应，不单影响项目承包商，还会影响负责电力、工程，下水道设施的其他下级分包商的财力和人力资源。集装箱建筑消除了这种风险。集装箱建筑的起源来自于对其结构的应用。集装箱的尺寸和可移动性戏剧化地加快了施工的过程，使施工对环境的影响减至最小，并且显著地加强了设计师和委托方对整个项目的控制。

预制房屋配件不只是集装箱设计的同义词，它是集装箱建筑的本质，也是使其变成更加流行的建筑工具的原因。预制房屋配件，模块化的集装箱可以在受控的环境下提前准备好，把工程延期的可能性减至最小，并使项目效益最大化。然后它们就会被运到指定的地点进行安装，这样可以减少施工时间，提高每个项目的生产效率。设计师可以用各种方式摆放布置集装箱，以产生无穷无尽的组合，创造具有独创性的商业项目，而所需的成本却只是传统建筑成本其中的一部分。

集装箱建筑的应用

商业设计中的创造力

正如本书所展现的，集装箱建筑的多功能性，从全球各地丰富多彩的项目如何运用集装箱的方式中就可见一斑。它们被广泛地运用于豪华办公空间、学生住宅、市场里的小贩售亭、校园、图书馆或博物馆以及其他各种建筑。其他值得一提却没有收录进本书中的项目还有谷歌驳船教育中心；为了雷纳夫·法因斯爵士 (Sir Ranulf Fiennes) 发起的名为"最寒冷的旅途"的远征项目，而在南极洲 0℃以下的环境组装而成的集装箱城市住宅和科学实验室；还有在南非约翰内斯堡的一个 11 层的废弃谷仓上用 375 个集装箱堆叠而成的 Citiq 学生住宅。随着我们对集装箱作为一种建筑方式的了解越来越深入，我们将会看到更多更有野心的项目变为现实。在孟买，CRG 建筑事务所提出修建一座 400 米高的摩天楼作为可供贫民窟的人们居住的经济适用房；OVA 工作室设计的和俄罗斯方块相似的 Hive-inn™ 可以把集装箱从建筑结构中移入或移出。后者是我将在后面提及的插入式建筑的完美典范。

我最喜欢的集装箱建筑项目中的一些项目进一步展示了这种多功能性，这其中包括艺术家和建筑师亚当·迦尔吉 (Adam Kalkin) 在威尼斯双年展上用集装箱组装而成的意利咖啡厅。这个小咖啡厅只需按一个按钮就可以向外展开，也可以在有需要的时候打包好移动到另一个地点。这个项目具现化了装配式建筑的临时性，并展现了如何最大限度地利用单个集装箱。

位于美国华盛顿州 Tukwila 的星巴克汽车咖啡厅是另一个很好的案例，它体现了集装箱怎样被用来构建零售商店的结构和外围。南非豪登省的新耶路撒冷儿童之家由 4d and A 建筑事务所设计，该项目使用 28 个集装箱，建成后能容纳 40 个孩子居住其中，为他们提供愉快舒适并且有尊严的生活环境。这个极富野心的项目显示了集装箱作为建筑模块所具备的设计灵活性。

位于智利圣地亚哥的卡特彼勒房屋是塞巴斯蒂安·伊拉莱扎维尔 (Sebastián Irarrázaval) 设计的，由 5 个 12.19 米和 6 个 6.10 米的标准集装箱以及 1 个 12.19 米的敞篷集装箱模仿起伏的地貌景观组建而成。它是一座现代住宅，包含一个建在敞篷的集装箱里的游泳池和一个优秀的被动式冷却系统。这个项目显示了建筑师可以使用集装箱在地势险恶的地区建造美丽的生活空间。

全世界有许多优秀的集装箱建筑案例，但是我特别钦佩这几个，因为它们同时展现了使用集装箱建造房屋可以获得的灵活性和多功能性。本书展示了许多其他吸引人的优美建筑案例，这俨然已经成为建筑业的一种发展趋势。

室友集装箱旅店 / 旅店的主体部分由集装箱建造而成，色彩斑斓且充满了活力之感

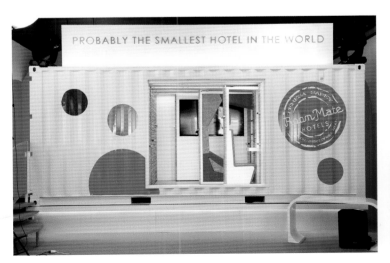

特朗普街道商业集装箱 / 用于该建筑的集装箱的特别之处在于每个集装箱上都图有涂鸦，使整个建筑群充满创意

用于保障性住房的建造

设计师和开发商已经在全球各地使用集装箱修建设计精美的豪华住宅。但是集装箱还有巨大的潜力，能让上百万住在非正规住房的人们住上真正的房子。

城市化正在成为全球城市设计的一个关键因素。越来越多的人聚集到城市区域以便寻找就业机会。如今，全球城市人口已达 35 亿。世界银行预计这个数字到 2030 年将达到 50 亿，到 2045 年将达到 60 亿，这将给城市基础设施带来巨大压力。各国政府将面对由城市人口迅速增长所带来的对市区住房不断增加的需求。这个问题对于我的公司所处的南非来说尤其尖锐。随着城市化的日益发展，城市的负担也越来越重，相应的，由于历史上的种族隔离政策而导致的城市规划中的结构缺陷和地理隔离等问题则越发凸显出来。

1994 年，这个国家举行了历史上的首次民主选举，成功打破了种族隔离制度的限制。那一年的政府报告指出，为了解决人们对于住房的需求，需要大约 150 万个住宅。但是在那之后，这个数字以每年增加 178,000 的速度连续增长。现在，南非仍然有很大一部分人口没有正规住房可住，只能在狭窄、肮脏的环境中艰难挣扎。南非 2011 年的人口普查数据表明，全国有 190 万处棚屋和非正式住宅。

2014 年刊登在《非洲观察》上的一篇文章显示，一个无党派组织声称，虽然这个数字从 1994 年起连年上涨，但是政府的重建与发展规划（RDP）每年仍为现有住宅增添大约 140,000 个新建住房。RDP 住房项目旨在开发出一种低成本的住宅解决方案，但是用砖和砂浆从平地建起一座房子还是非常耗费时间，成本很高。资源的紧张也会导致新建住房不能及时交付。

我相信这正是集装箱能施展其特殊性质的地方。它有很好的机动性、更好的项目控制力、预加工性和更短的施工周期，海运集装箱为给低收入家庭提供更为划算的住房带来重大机会。

游牧生活居所 / 集装箱住宅在大众之中日益风靡，为人们提供了舒适的居住空间

在南非复杂的社会经济背景之下，为所有人提供住房是一个遥远的愿景。这个问题实在过于复杂，以本书序言的体量无法一一说明。但是总的来说，集装箱建筑的概念给了我们一个机会，以不同的方式去思考应该如何建设一座房屋。回收利用集装箱，把它们改建为低成本住房必然会为解决不平等问题、满足人们的基本需求带来一个令人兴奋的契机。

本书介绍的韩国长兴郡的低成本住房，是如何再利用集装箱并将其改建为经济适用房的一个很好的例子。这个项目是韩国儿童基金会设计主持进行的，该组织的主要目标是提高低收入家庭的居住环境。在这个项目中，设计师使用 3 个集装箱建成了一个100 平方米左右的住宅。这个建筑是一个包裹了 3 层隔热材料的屋中屋，其内部有一个巨大的滑动门和充足的活动空间，它取代了之前一家 7 口居住的破败且老鼠成灾的房子。这个设计极大地改善了全家人的居住环境。

创意空间

集装箱有两种规格可供选择，一种是 6.10 米柜，一种是 12.19 米柜。它们的结构非常坚固，是构建商业、居住或休闲等用途的临时性建筑或更为永久性建筑的理想形态。由于它们的尺寸和形状是确定的，设计师可以发挥他们的创意安排这些空间。这样的设计效果将会是惊人且令人难忘的。

我自己曾接到的委托是为南非开普敦一家前途广阔的广告公司设计他们新的办公室。这家公司叫作 99c，他们向世界各地提供他们的创意，我们希望这个新办公室能清晰地反映出他们凭其策划的世界顶级创意广告而日渐增长的声誉。我们使用集装箱来代表他们的全球影响力。运输货物是一个集装箱存在的意义。新办公室占据港区边缘新建商业大楼的 3 个楼层，在这里能俯瞰繁忙的开普敦港，因此，我们很自然地选择了集装箱。我们设计的整体方案是传统建筑和集装箱建筑的混合，结果产生了一个能反映出公司特色且可以完美运作的当代办公环境。

这只是创造性设计可以怎样提升和彰显集装箱自身特性的一个例子。世界各地的设计师在商业用途上对回收利用集装箱进行了各种创新尝试。本书介绍的许多杰出的案例，展示出集装箱如何被改建成博物馆、咖啡厅、商店、办公室、共享办公空间、装配式和临时零售店、学校、画廊、学生宿舍、美术馆、展示空间，以及我个人的最爱——图书馆。

99c 办公室 / 橙色的集装箱被应用在 99c 办公室的室内设计之中，使整个办公室看起来充满了活力

有一个项目特别突出了乏味而充满工业实用性的集装箱可以被怎样转化为一个鼓励人们学习和探索的催人向上的场所。种子图书馆坐落于南非约翰内斯堡亚历山德拉镇的 MC 韦勒小学校园里，它摒弃了古板的"图书监狱"式的图书馆形态，创造出一个可以让孩子们学习和玩耍的兼有阳光和想象力的场所。这个案例对世界作出一个深刻的声明：我们能给贫困地区带去尊严和自豪感。而这一切只需要两个集装箱和一个用想象力创造积极学习空间的承诺。

临时性或紧急性避难场所

由集装箱建成的住所不一定非要被限制于固定住所或商业应用。2010 年摧毁海地的地震和 2012 年肆虐美国的桑迪飓风为世界敲响了警钟，政府、援助机构以及世界各地的设计师开始选择集装箱来建设适用性住宅。当灾难来袭时，预装好的集装箱可以被运到受灾地区，充当临时的医院、诊所、仓库、停尸房和住宅，为受灾人民提供帮助。

集装箱还增加了为物资匮乏、基础设施短缺的地区提供关键性服务的机会。把装载医疗器材的集装箱运到偏远的地区相对简单。这对缺少或是没有医疗服务的发展中国家来说尤其重要。罐装诊所就是一个专门从事这项工作的组织，你可以在海地、塞拉利昂、南苏丹和其他地区发现满载必需物品的集装箱诊所，他们为当地人提供通过其他途径根本无法获得的最基本的医疗服务。

集装箱在军队也已经服役多年，它们主要被用作储藏设施，同时也被用来修建战区的营地。全球的科研考察项目也以同样的方式利用集装箱的临时性和便携性，即使在偏远的南极洲地区，集装箱也能为科研人员提供庇护和贮存的功能。

本书就介绍了一个这样的案例：位于南极洲的印度极地考察站。设计师使用 134 个集装箱，建成了 1 个能容纳 70 名科研人员的总共包含 24 个房间的双层建筑。极端的气候条件要求特殊的结构以确保在此处工作和生活的人们受到良好的保护。设计师尽

可能减少建筑物的表面，以使风力作用的影响减到最小。整个建筑都被一个由金属板制成的符合空气动力学的保温外壳包裹起来。高于地面的设计是为了防止在建筑物周围产生的雪堆把建筑物埋住。但是这些功能性的结构并不会损害整个建筑的设计感，建筑物两端的玻璃窗还展示了周边的壮丽景色。这个项目引人注目的设计展示了集装箱建筑独特的可能性。

集装箱建筑和装配趋势

装配式建筑是从一种更加正式而静态的建筑中产生的一个当代分支。装配的形式允许设计师在某些活动期间建造出短时间存在的临时结构。多年来，它已经变成一种在广场公园等公共场所短时间内发表某种宣言的常用手段。

海运集装箱是装配式建筑的理想工具，它们能够被简单运输及装配，在无须使用时，也能安全存放，这能使活动承办人和企业的损失减到最小，增强他们的控制力，还能降低成本。

装配式结构的临时特性挑战着建筑师和设计师设计出最具有冲击力的作品。这要求设计者以特殊的方式把不同的元素融入装配式结构中，如何安装各种装置，以及在必要的时候安装隔热材料和其他组件。

本书介绍了在智利圣地亚哥短时间展示的运动服装品牌阿迪达斯的展示装置：弗勒克斯展馆。设计师使用了 4 个 6.10 米柜，并将它们连接在一起，每个集装箱作为临时展场的不同部分。组装起来的展场被临时设在美丽而经典的圣地亚哥当代艺术博物馆（MAC）的前面。因为其位置在 MAC 正前方，所以设计师需要精心布局以使路过的行人和游客依旧能看得到它后面的 MAC。这个展台只存在了 3 天，它被移除之后，没有留下任何能显示出它曾经存在过的痕迹。不过，它的确留下了有关当代建筑如何与古典建筑和谐共存这个话题的更多探讨——即使这种讨论持续的时间不是很久。我强调这个案例，是为了反映集装箱建筑是怎样在没有固定建筑地点的情况下依然可以被实现的。

插入式建筑：改变我们的未来

作为装配式建筑的扩展，插入式建筑是集装箱建筑的下一步演进。集装箱是移动性的代名词，它们被设计出来，就是为了移动和堆放，正因为如此，它们也是理想的建筑材料。它们作为永久性结构的使用方式已经被人们所熟知，这也就是说，"即插即用"建筑作为一种新的趋势，其影响力正在迅速变大。

把预制模块插入到中心结构之中，这并非什么创新概念。早在 1947 年到 1952 年，勒·柯布西耶（Le Corbusier）在设计他的组合住宅（Unite d'Habitation）时，就曾考虑围绕着一个核心，把预先组装好的公寓吊起插入到正确的位置上，以组成整个建筑。总部设在英国的建筑公司 Archigram 也曾在 20 世纪 60 年代设计他们的插入式城市（Plug-in City）时，提出过类似的方案。从那以后，其他设计师在这个领域继续前进，其中不乏提出更加激进的方案的设计师。但是大多数方案也只能停留在想法的阶段，没有变成现实的机会。直到现在。

如今的建筑和运输技术已经取得了突破性的进展，建设插入式建筑终于变为可能，而海运集装箱是这次浪潮中的中流砥柱。当代插入式建筑背后的原则是模块单元可以按照使用者的喜好在设计上增加或删减。

HUB01 多功能学生专用建筑也是本书介绍的一个案例，它为这一概念可以如何实现提供了线索。这个项目由 dmvA and A3 事务所设计，委托方是位于比利时科特赖克的天主教教育机构 Katho。这个建筑中有一个中央枢纽，其他功能模块都可以被插在这个中央枢纽上。这个中央枢纽提供了建筑的公共空间——厨房、客厅和浴室，其他模块都能与之相连。每个由集装箱制成的功能模块都依据使用它们的学生的品位单独设计。一个覆盖着植物，另一个在外墙上安装了太阳能电池板，还有一个在屋顶上安装了滑板场地。学生们离开后，该模块可以从中央枢纽上拆下来。这创造了一种不断变化、有活力且各部分相互关联的设计方案。

我在前面提到过的 OVA 工作室设计的 Hive-inn™ 农场也采用了同样的原则。在这个设计项目中，集装箱被吊到空中，再被交错排列，最终构成一座城市农场。食物在集装箱中生长。其他公司也可以购买或租用这些集装箱，作为餐厅或零售商店使用。设计师还把这个想法拓展到酒店设计上。在 Hive-inn™ 酒店的方案中，集装箱可以像积木一样插入、取出或是移动到其他位置上。插入式建筑戏剧性地改变了我们现有的对住房和社区的看法，它向我们展现了一种未来。在这种未来中，我们可以走到哪里把我们的家带到哪里，而不是每次改变居住地就搬进一个新的房子里。这是一种与我们目前的居住方式完全不同的新形式，它很可能对我们的城市建设有深远且极具破坏性的影响。

技术与结构上的考虑

空间安排

集装箱的尺寸规格是有明确限制的。它们根据 ISO 标准制作，分为 6.10 米、12.19 米、13.72 米、14.63 米和 16.15 米等不同规格。建筑业最常使用的是 6.10 米柜和 12.19 米柜。集装箱的功能在6.10 米当量单位的集装箱（标准箱）上能充分体现出来。标准箱的长度是 6.10 米，宽度是 2.44 米，高度则是 2.59 米。

设计师知道这些数字，还需要运用他们的创新设计思维，使用这些集装箱来建造住房，以确保居住者可以在有限的空间中舒适地生活。本书介绍的许多项目都展现了如何在多个集装箱之间或上方创建额外的空间，以扩展可供居住者使用的生活区。

减少对环境的影响

集装箱建筑的环境效益不仅限于对集装箱的循环使用。作为建筑设计师，我们也在不断寻求新的方法来减少我们的工作对环境的影响。尽管我们尽了最大的努力，从场地准备到最终完成的整个施工过程依然会对环境造成广泛的破坏。施工车辆和土方设备导致了相当高的碳排放量，特别是那些工期很长的项目。车辆

也会破坏建筑用地及其周边的植被。这些植被需要几个月甚至几年的时间才能恢复，在生态环境脆弱的地区，这种影响尤其严重。除非设计团队专门采取能够减少碳排放量的方法，传统的建筑项目会消耗大量的能源。使用砖、水泥等一般建筑材料进行施工的过程能耗高、效率低。这些材料通常需要长途的运输，这也会产生高碳排放量。生产和运输的联合效应会消除任何试图减少能源消耗的举措。

土耳其集装箱高新科技园 / 该项目的景观规划与集装箱建筑相得益彰，和谐共存

相比之下，集装箱是现成的，只需被运往施工地点，然后就可以永久放置在那里。这可以显著降低能源消耗，提高建设项目的能源效率。

然而，有一些环境方面的考量是设计师在规划他们的前几个集装箱项目时必须意识到的。海运集装箱被设计出来的最初目的，是防止货物在海运过程中免受风和盐水的腐蚀，这要求集装箱本身具备强力的抗腐蚀能力。为了在严酷的条件下不被侵蚀，制作集装箱的金属中被加入了铬和磷等化学元素，它的表面还被涂上了油漆。集装箱里的木地板也经过砷和铬等化学品处理，以防止害虫入侵。因此，把集装箱用作住宅建筑之前，需要提前做好充分准备，消除有毒元素，减少健康风险，并一次性地确保它们适合居住。

从碳排放的角度考虑，准备集装箱的过程也可以是能源密集型的，例如在集装箱的两侧和屋顶切出开口当成门窗或焊接和喷砂的时候。

也就是说，通过节能的设计减少这项工作对环境的影响是可能的。太阳能发电、被动式供暖和制冷、雨水收集系统、花园屋顶、废水循环系统、绿色墙壁、堆肥厕所、LED照明、风力涡轮机，交叉通风和最大限度地利用自然光等，都可以减少能源消耗，提高环境效益。设计师可以把一栋集装箱建筑设计成完全自给自足式的。设计规范也有助于减少集装箱设计项目的碳排放量。这包括使用竹子或再生木材等可持续性材料。

建设牢固基础

虽然集装箱能够抵御强风，但要建设更加永久性的建筑，这些集装箱还是需要依托一个坚实的基础固定到地表。设计师在把这些集装箱一个挨着一个排列起来的时候，可以按照自己愿意使用的配置把这些集装箱连接起来并焊接在一起。如何建设基础，取决于建筑本身的设计。然而，对于较小的住宅项目来说，最流行的选择是铺设混凝土板，或是能产生额外储存空间的空心基础。第三种选择是建设一个完整的地下室，它有增加存储或生活空间的优势。

抵御外界不良因素

由波纹考顿钢制成的集装箱经过处理后，能防止湿咸的海洋环境对其自身的损害。考顿钢能产生一种自然的锈层防止腐蚀。这些集装箱也都是防水的，可以保护其内部存放的货物。这就意味着，准备一个集装箱是相对简单的，设计师应该知道需要采取的步骤，例如，要除去我前面提到过的有害元素。一旦把集装箱准备妥当，设计师就可以在集装箱上进行创作以展示其各种才华。

因其原本的用途，集装箱被以金属板制成。因此，对于集装箱建筑来说，确保室内温度和居住者舒适度的保温尤其重要。姑且不论被改造的集装箱的用途，如果没有适当的保温处理，集装箱内部在夏季会特别炎热，冬季则极端寒冷。隔热层的选择则取决于项目的性质和设计本身。隔热层安装在集装箱的内部或者外部都可以。

密封保温泡沫是一种非常有效的材料。它可以被直接喷洒在集装箱的墙壁和屋顶上，覆盖住一切缝隙，保护集装箱不受腐蚀或发霉。把泡沫喷涂在内部和外部表面上都可以，然后在最后的整理阶段把它们盖住。

还可以使用隔热板，将其固定在集装箱内外部墙壁和屋顶上。这种方法的优点是能够隐藏安装的水循环管道和提供电力的电缆。保温毡是第三种也是最具成本效益的选择。然而，由于保温毡一般由玻璃纤维制成，这种材料的安装需要专业的知识和技能至少安装者必须在进行安装作业时使用必要的个人防护设备，以防止工作中可能受到的损伤。这种隔热材料需要被安装在集装箱外壁和立柱墙之间。

其他更环保的保温材料还包括羊毛、泥和棉花。有些设计甚至将花园屋顶作为一种附加的隔热措施，这种设计可以为居住者带来额外的好处——创造一个可以被用作休闲区或是种植区的绿色空间。

最后一种选择是把自然的加热和冷却方式融入设计本身。这些措施包括安装遮阳设备、使用反射涂料把照射到建筑物上的热量反射走，还可以通过添加窗户来增加空气流通。

配套设施

一旦集装箱被较好地保温，其中的空间也被有效地规划，那么，设计师就可以实现其完整的设计了。对于小型项目来说，空间是一个必须要考虑的因素，它将对浴室和厨房的配置产生影响。而无论一个项目的规模如何，电力、天然气和水循环设备都可以以传统建筑中同样的安装方式来进行装配。

与任何建设项目一样，聘请有经验的团队和承包商尤为重要，这可以确保所有的服务，特别是煤气和电气设备能够被正确而安全地安装。

集装箱的未来发展趋势

本书汇集了许多令人印象深刻的集装箱建筑项目。抛开这些项目不同的功能外形不提，它们都展示了集装箱的灵活性、多功能性和被应用于各种规模的项目中的可行性。我们在这本书中和其他地方看到的各种项目，强调了当真正具有创意的想法被用于一个看似平凡而功利的结构中时，它所能产生的神奇效果。

本书中的项目只是集装箱建筑领域的一个小小的"快照"。随着全球化贸易把更多的集装箱带到各个港口，未来将出现更多更有创意的设计。我预计在以后的岁月里，对简单的集装箱的新的创造性用途将会继续涌现。

无论这些项目的具体用途为何，它们都有可能改变我们使用现有资源的方式，而这种需求也将对建筑师在完成一个项目时所采取

的方式产生深远的影响。我们迫切需要开始利用我们现有的资源，创造新的手段，而不是回过头来运用我们一直在用的手段。

在一个更深刻的层面上，作为建筑师和设计师，我们有责任用不同的方式来思考我们所做的工作，及其对我们的社区，我们的环境和社会产生的影响。我们也有责任寻找能代替目前存在的需要大量能源且破坏环境的建筑方式的替代方案。

第四次工业革命所产生的新技术和新工艺将使我们能够做到这些。我们现在对我们周围世界的了解比以往任何时候都多，随着我们对建筑材料和建筑方法的认识不断加强，它们也在不断发展进步。这些知识为我们提供了一个特别的机会，能够使我们不再采用对环境有害的方法，并拥抱崭新的思维方式。随着这一趋势的发展，我们将获得更多的新方法，来帮助我们解决当今世界面临的深刻的挑战。

我非常高兴能有机会为这一运动贡献我自身的知识和理解。我希望这本书能够激发阅读它的人们拥抱简陋的钢制海运集装箱所包含的巨大潜力。作为设计师，我们有机会从根本上改变我们的社区和城市的建设方式。我们正站在光明未来的门槛上。

参考文献

[1]   TEU (Twenty Foot Equivalent Unit) is a term used to describe the capacity of containers. This capacity is based on the volume of a 20-foot (6-meter) container.

[2]   "Industry Globalization," World Shipping Council, http://www.worldshipping.org/about-the-industry/history-of-containerization/industry-globalization (retrieved July 7, 2016).

[3]   "Shipping container architecture," Wikipedia, https://en.m.wikipedia.org/wiki/Container_home (retrieved July 7, 2016).

[4]   Vincent, James, November 7, 2013, "Google solves barge mystery: A floating data centre? A wild party boat? Sadly not," Independent, http://www.independent.co.uk/life-style/gadgets-and-tech/news/google-solves-barge-mystery-a-floating-data-centre-a-wild-party-boat-sadly-not-8926399.htm (retrieved July 4, 2016).

[5]   "The Coldest Journey," Container City, http://www.containercity.com/projects/the-coldest-journey (retrieved July 4, 2016).

[6]   Quirk, Vanessa, February 17, 2014, "From Grain Silo to Shipping Container Student Housing," ArchDaily, http://www.archdaily.com/478098/from-grain-silo-to-shipping-container-student-housing (retrieved July 4, 2016).

[7]   Rosenfield, Karissa, August 20, 2015, "CRG Envisions Shipping Container Skyscraper Concept for Mumbai," ArchDaily, http://www.archdaily.com/772229/crg-unveils-shipping-container-skyscraper-concept-for-mumbai (retrieved July 4, 2016).

[8]   "Hive-Inn™ City Farm," Ova Studio, http://www.ovastudio.com/works/hive-inn%E2%84%A2-city-farm (retrieved July 4, 2016).

[9]   Kalkin, Adam, uploaded on February 16, 2011, "The illy Push Button Shipping Container House," YouTube, https://www.youtube.com/watch?v=AGTCD7n9ZV0, accessed (retrieved July 4, 2016).

[10] Galleymore, Susan, "Starbucks Coffee: Now Served in Cargo Containers," inman, http://www.inman.com/2012/01/21/starbucks-coffee-now-served-in-cargo-containers (retrieved July 6, 2016).

[11] "Home expansion," New Jerusalem Children's Homes, http://newjerusalemchildrenshome.org/current-projects (retrieved July 6, 2016).

[12] "Caterpillar House / Sebastián Irarrázaval," ArchDaily, http://www.archdaily.com/394846/caterpillar-house-sebastian-irarrazaval-delpiano (retrieved July 6, 2016).

[13] "Urban Development," The World Bank, http://www.worldbank.org/en/topic/urbandevelopment/overview#1 (retrieved July 6, 2016).

[14] Wilkinson, Kate (researched by), "Factsheet: The housing situation in South Africa," Africa Check, https://africacheck.org/factsheets/factsheet-the-housing-situation-in-south-africa (retrieved July 6, 2016).

[15] Ibid (retrieved July 6, 2016).

[16] "Project: 99c," Inhouse, http://www.inhouse.ws/erp-portfolio/99c (retrieved July 4, 2016)

[17] Clinic in a Can, http://www.clinicinacan.org/#about (retrieved July 10, 2016).

[18] "Plug-in Architecture Loses an Icon," ArchiTakes, http://www.architakes.com/?p=1441 (retrieved July 10, 2016).

Case Studies

案例研究

Commercial Container Architecture

商业集装箱建筑

设计预算与作品美观性之间的平衡

一个海运集装箱,怎样将其从储藏室转变为居住空间?答案本应该很简单,但事实并非如此。集装箱建筑要通过多维的呈现方式,形成一个单一的元素。为什么选择它?它适合什么样的使用者?设计师应该如何利用它进行设计?

运输公司的 6 米或 12 米长的集装箱是最经济的运货方式之一。它也许是 20 世纪全球化过程中产生的最优雅的设计放入其中的货物被运往世界各地以满足资本主义的需求。在物流业务中,它是标准化进程的重要一环。

集装箱由钢材制成,外壳采用波纹结构,它们本来被建造得持久耐用,但是因为在运输货物之后,再把空集装箱运回原港成本太高,所以,成千上万的空集装箱就被废弃在全球的码头上。对于一个设计师来说,集装箱往往因其经济效益,被视为一种极具吸引力的替代品。它们价格低廉,经久耐用,还有助于减少建筑过程中所用的时间,并且这些集装箱可循环利用。而其自身的支撑结构可以为分层和堆叠创造无限的可能。

然而使用这种建筑材料时,也有一些需要考虑的部分。虽然集装箱是现成的,但是有必要对运输和改造集装箱所消耗的能源也进行评估,因为它的原始位置和对集装箱的改装可能会使成本大幅增加。虽然一开始集装箱可能是廉价的预装材料,但是在切割、加固上耗费的成本,供暖和制冷上的难度,以及防水的工艺,会很容易超过原本的预算。使用集装箱的优点应该是在不影响设计质量的前提下,实现预算目标。

对于柏成设计事务所在永联物流瑞芳办公室这个项目中应用这个元素,最具挑战性的因素是如何让这个笨重而冰冷的方块在一个人文环境中和谐共存。我们的目标是把其粗犷的形态和封闭的外壳与使用者的工作内容相结合,使其成为一个便利的道具,而非笨拙而尴尬地摆在办公室里的钢制棚子。设计师们综合考虑了多项因素,包括集装箱和室内空间的比例、材料之间的关系、改装金属壁板来创造开放性,还有自然光最大化的布局策略,以创造一个高效、功能强大的办公空间。

邱柏文(**Johnny Chiu**)
柏成设计有限公司负责人

邱柏文曾旅居多国求学及工作,获得美国纽约哥伦比亚大学高阶建筑设计硕士学位及澳洲雪梨新南威尔斯大学建筑系杰出荣誉学士;曾在日本黑川纪章建筑师事务所、美国纽约 Kevin Kennon Architects / United Architects 等事务所服务,丰富的历练培养了不设限的设计态度,并时常在作品中探讨人与人、人与空间的互动关系,并注重个人独特性在群体中的展现。

Incubo 工作室

01 / 从后院看到的建筑全貌
02 / 建筑北侧外观

这个项目由 8 个可重复使用的立方体集装箱组成, 它们由联系其他空间的中央空间作为统一元素, 把双层模块连接起来, 这种设计被认为是一种模块化概念。这个连接空间具有高度的灵活性, 可以服务于社交场所和工作空间等不同的目的: 房子根据要开展的活动"穿上衣服或脱下衣服", 可选择的服装包括一个正厅、一个高清影音室、一个摄影工作室和一个公共宣传工作室。

该项目也是一个集装箱"互联"的结果, 它们为建筑物提供了一个附加的表面, 加上 4 个集装箱, 中央模块能获得 95 平方米的额外空间, 大大地减少了所需的建筑材料。与此同时, 二楼的一个集装箱可以通过立面上的一个辅助的通道向其中一侧稍微移动, 和阳台及通过台一起创造一个外部空间。

项目地点: 哥斯达黎加共和国圣约瑟 / **项目面积:** 340 平方米 / **竣工时间:** 2012 年 / **设计公司:** Maria Jose Trejos 建筑事务所 / **摄影:** 塞尔吉奥·普奇

从它的设计和材料到它的节能系统, 设计师把各个方面都纳入考量, 尽量减少房子对环境的影响。比如, 材料选择可再生、可重复使用或是可循环利用, 同时要经久耐用且维修成本低的。雪松树枝的木材被用于制作楼梯和其他家具。甲板是由可再生原料混合再生塑料制作而成的; 地板则由抛光过的混凝土和竹子, 以及其他材料一起制成。此外, 房子有雨水收集系统, 用于厕所冲水, 还安装了太阳能电池板; 家中的大部分门是重复使用的集装箱门, 其中的热水是由太阳能加热的, 交叉通风消除了对空调的需求, 而自然光则消除了白天对电力照明的需求。

对建筑集装箱的使用, 丰富了设计中的对比, 通过对现有元素的借用, 减少了其对环境的影响, 避免了由于生产水泥和把传统建筑材料运输到建筑工地而排放的二氧化碳, 更不用说对土地影响最小的移动土方的工程。设计师们估计, 利用集装箱把工程期减少了 20%, 并把总成本减少了大约 20%。

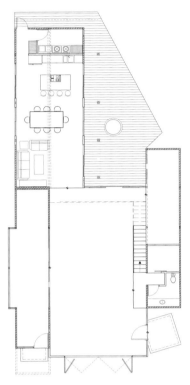

一楼平面图

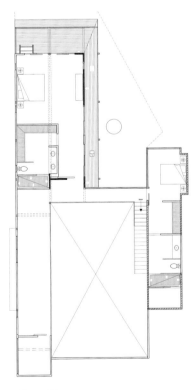

二楼平面图

04

05

06 / 厨房和用餐区
07 / 室内走廊
08 / 一楼办公区
09 / 一楼客厅

物流共和国办公室

作为永联物流在新台北市的主要办公室和接待处，永联物流的所有者们希望建设一个能为仓库设施的工作环境提供参考的设计。设计师们利用具有仓储物流代表性的元素作为该项目的设计概念。货架系统、运货板和海运集装箱都能在空间中再塑多层次的空间，承载新的货物和可能性。

设计师们希望创造种感觉，展现这个地方的灵活性和潜力。和建筑物本身的落地窗和挑高天花板一起，设计师们能用与堆放的海运集装箱类似的结构增加房屋的面积，在一个开放式的环境中，创造出具有隐私性的空间并营造出不同的氛围。集装箱的地板成为下一层空间的屋顶，诸如此类的设计打破了人们对仓库的刻板印象。

从巨大会议室的绳索屏幕墙到作为楼梯台阶而布置的运货托盘，兼具工业感和模块化特性的素材贯穿整个设计概念。整个空间的特质始终忠于公司的核心价值，并激发着在创造有活力的办公空间和物流中心的仓库等领域里的新的可能性和实用性。

项目地点：中国台湾 / **项目面积**：341 平方米 / **竣工时间**：2015 年 / **设计公司**：柏成设计有限公司 / **摄影**：扎克·霍恩 / **客户**：永联物流开发

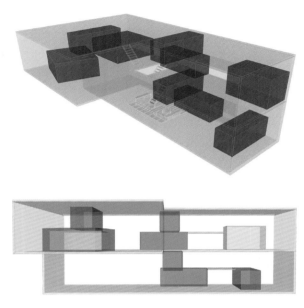

三维结构图纸

01 / 咖啡区
02 / 正门入口
03 / 用餐区

04

05

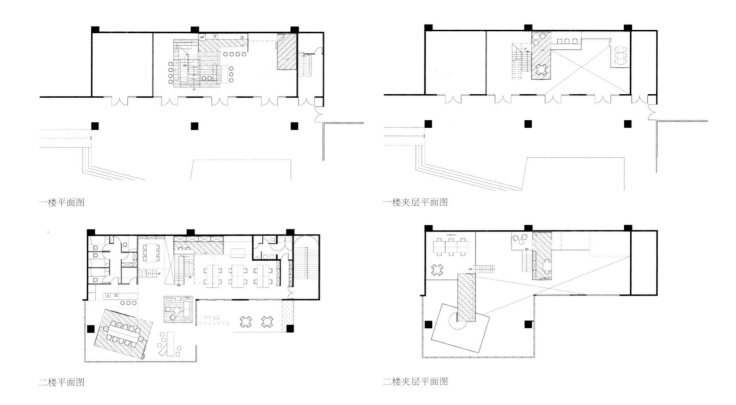

一楼平面图

一楼夹层平面图

二楼平面图

二楼夹层平面图

04 / 夹层平台
05 / 从会议室观察到的内部空间
06 / 工作台和共用工作空间

07 / 楼梯空隙空间
08 / 接待休息室和大型会议室
09 / 厨房和临时性工作空间
10 / 办公桌和工作台

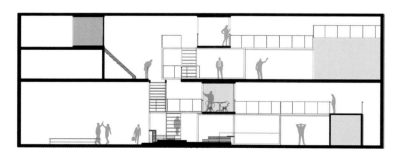

剖面图 1

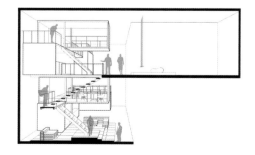

剖面图 2

Stack｜集装箱办公室

01 / 集装箱建筑由水泥柱支撑起来，从而将建筑对环境的破坏降到了最低
02 / 该集装箱办公室被临时性建造在哥本哈根老港口处
03 / 建筑外部的绝缘板很大程度上保护了建筑免受环境危害

这个项目是一个在预置建筑领域中的尝试，它挑战了普遍存在的浪费问题和传统的建筑技术。

用旧的海运集装箱在一系列对建筑地点影响最小的支柱上垒到三层高。集装箱被精致地加工，变成一种费用合理、坚固耐用的超级优化产品。它符合国际运输标准，可以用船运到任何地方并在该地组装，建筑人员可以直接循环使用这些建筑。而如果设计师需要重新设计一个有相同规格和相同建筑组件的建筑，则既费钱又耗时。

项目地点：丹麦哥本哈根 / **项目面积：**660 平方米 / **竣工时间：**2015 年 / **设计公司：**Arcgency / **摄影：**Rasmus Hjortshøj / **客户：**UNIONKUL A/S

集装箱之间的跨度为主要的工作区的功能提供了灵活的空间。集装箱内部则可以被用来当作会议室、工作室和储藏室等。原始的集装箱结构可以在两天之内就架设完成。施工人员用高性能隔热夹心板把集装箱堆叠起来，它们也起到了防潮层和覆盖层的作用。它们和窗户、屋顶部件和室内的地板一样，被用螺栓直接固定在集装箱的框架上。水管、电线和供暖系统均使用可见的装置，这样的设计更便于安装和拆卸。

这栋建筑基于一组简单的原则来设计：质朴的美学、差异化的空间尺寸、在自然光下贯穿整个建筑的视觉连接的层次。

建筑内部表面和结构以及外观和感觉由海运集装箱本身决定。海上服役的 10 年到 14 年时光在集装箱身上留下了印记。而作为建筑构件，它们将被赋予第二次生命，它们的凹痕和损伤都成了建筑物的一部分。除了一层雾灰色的涂层，集装箱的功能门、原地板和波纹曲面都保持着它们原来的状态。涂层创造了一个统一的外观，并强化了其结构上的细节。

细部图纸 1

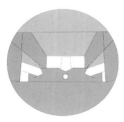

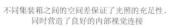

不同集装箱之间的空间差保证了光照的充足性，
同时营造了良好的内部视觉连接

集装箱墙壁有很好的隔音效果

可手动控制的通风系统

04 / 集装箱建筑的承重区空间成为主要办公区
05 / 建筑内部视觉通达，同时便于观察外面的空间
06 / 空间类型多样化的办公区为员工提供了更多私人空间
07 / 楼梯旁边的高层公共空间

从集装箱内部 12 米长的空间到集装箱之间的三层高的空间，不同的空间体验和规模使空间有了不同的用途。尤其是大空间可以为整个建筑提供多种不同的可能性和视觉上的联系。人们在建筑内部的任何地方都总是能看到室外的景色。这创造了深度、视角和房间中的某种连通性。设计师希望创造一种有合作气氛的工作感觉，不同层次和巨大的室内窗户使这成为可能。在建筑中不同位置办公的团队，既能感受到他们相互之间的联系，同时也不会打扰到彼此。

巨大的全高度开口使自然光可以全天深入照射到建筑物当中。所以这里对人造光的需要被减少到最小。由于日光的照射，阴影在波纹状的集装箱墙壁上舞动，为室内环境增添了细节上的变化。它把你从狭窄的空间引到开阔的布置当中，把你的视线吸引到不同的楼层以及整个建筑。三层高的空间把从 4 个方向射进的光线都吸收进来。作为结果，即使不是全部 4 个立面上都有窗户，每个楼层也会有混合起来的不同光照。这有效地防止了建筑物室内的过热，也消除了对空调的需要。大空间的天花板包覆着穿孔铝合金，可以反射海面的光线。设计师还在多孔表面上放置了一种吸声材料，为建筑创造了一个完美的声学环境。

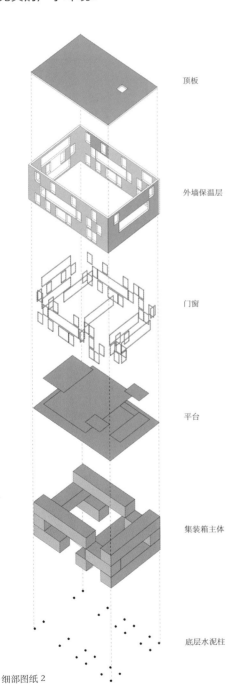

顶板

外墙保温层

门窗

平台

集装箱主体

底层水泥柱

细部图纸 2

07

08-09 / 集装箱内部空间可根据公司的不同发展需要进行变换

10 / 室内的窗户将私人工作空间隔离开来

11 / 光线穿过办公室可以减少人工照明,办公空间灵活多变

细部图纸 3

拐角处铸件用于紧固结构

集装箱安装中所使用的磁铁

用于加固的螺丝

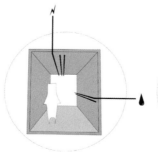

暴露在外的设备

建筑正面很容易的被连接在一起

所有建筑构件的测量方式一致

平面图 1

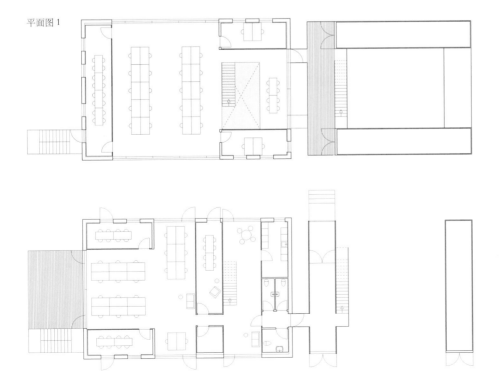

12 / 透过大型玻璃窗, 内外空间连为一体
13 / 原始的室内空间
14 / 集装箱内的画廊及办公空间

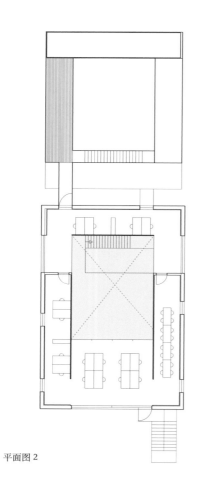

平面图 2

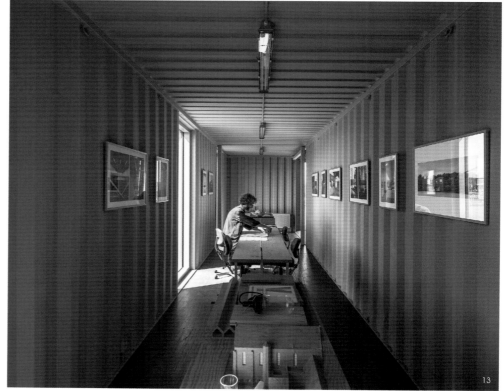

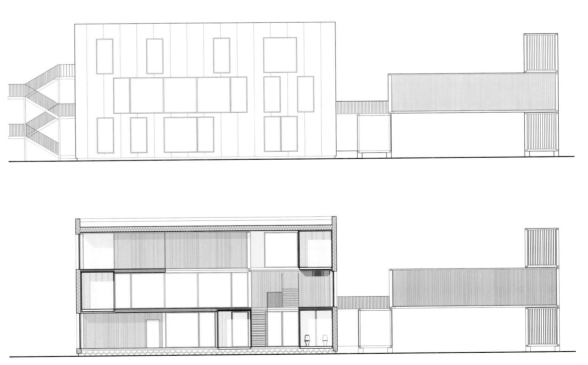

立面图

CC4441 集装箱办公室

01 / 二楼是办公空间，客户打开门便能呼吸到新鲜的空气
02 / 位于二楼的中庭

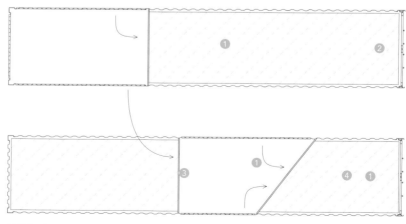

① 再造墙
② 办公室
③ 画廊 2
④ 画廊 1

集装箱平面图

项目地点：日本东京 / **项目面积：**55 平方米 / **竣工时间：**2015 年 / **设计公司：**早川友和建筑设计事务所 / **摄影：**早川友和建筑设计事务所 / **客户：**Endosho-ten

该项目地点位于浅草和秋叶原之间的鸟越。这里是旧城区，有许多制作皮革制品、纸制工艺品和装饰品的小工厂。客户想要一个办公室，他的妻子也想在此处经营一家画廊。

设计师考虑把二手集装箱安置在这个区域，认为旧集装箱很适合这个地方。12米的海运集装箱在山墙的一侧有一个舱口，这个开口通常是向外打开。设计师提议建造一个开放式的建筑，可以从内部传播信息。他们仔细地规划了舱口的位置，切割了两个集装箱并将它们叠放在一起。

被广泛运用于全世界的 ISO（国际标准化组织）海运集装箱，在日本是不能用作主要结构的，因为日本的建筑标准法规要求使用 JIS（日本工业标准）材料用于修筑建筑的基本结构。因此，除了临时的艺术空间和灾害避难所，建筑师用外部金属框架为集装箱加固，以使其符合日本建筑标准法规中要求的标准。

在这个项目中，为了保存旧集装箱的外观，设计师在其内部建造了一个木框架，把集装箱作为建筑的外皮，木材作为内部的结构。这不仅使这个建筑合法，也使其抗震结构更加稳固。由于全球有过多的废弃集装箱，设计师们也在考虑是否可以用这种方法使其减少。

03 / 一楼的集装箱朝向闹市区开门，此处被用作活动举
　　　办空间以及画廊空间
04 / 从外部庭院可见画廊 2 通过一道拉门与屋顶的庭院
　　　相连
05 / 集装箱的门可以在里面开关，从而提高了安全性
06 / 从画廊 2 内部可见画廊 2 通过一道拉门与屋顶庭院
　　　相连
07 / 二楼办公室

平面图

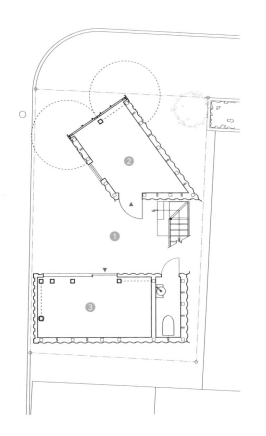

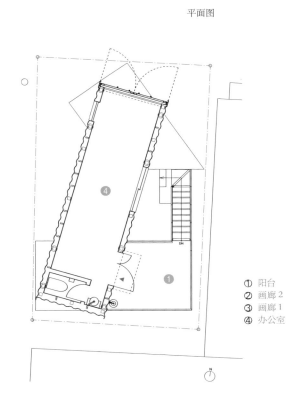

① 阳台
② 画廊 2
③ 画廊 1
④ 办公室

澳大利亚皇家狼集装箱公司
墨尔本总部

01–02 / 正面入口
03 / 建筑前庭

皇家狼公司是一家专门经营租用、贩售及改装新旧集装箱的公司。利用该公司的钢材制造技能，Room11 建筑事务所使用普通的海运集装箱的有限空间，设计出了一个包含宽敞明亮的工作空间和种满植物的内部庭院的改造方案。

这个项目的功能是公司的行政和办公地点，它位于该公司在维多利亚州阳光市的仓库和制造中心里。办公室和接待处围绕着中央庭院，会议室、厨房，以及国家和地区等各层级经理的办公室则与更远的庭院连在一起。

项目地点：澳大利亚维多利亚州 / 项目面积：364 平方米 / 竣工时间：2012 年 / 设计公司：Room11 建筑事务所 / 摄影：本 · 霍斯金 / 客户：皇家狼集装箱公司

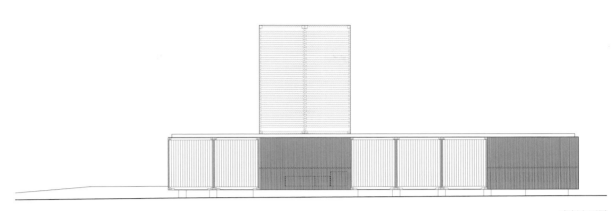

东侧立面图

这个设计使用了完整的集装箱，以特定的方式布置，以使 6 米或 12 米长的集装箱创建出 4 个庭院，并在外部形成一个完整的矩形。集装箱的两端被拆除，更换成整面的玻璃固定住。设计师没有使用其他材料把集装箱的外表面覆盖住，而是回收利用被拆掉的集装箱板材创造隔热夹芯板，集装箱原本的表皮则保持原样。天花板也保持原样，并用硬质保温材料和薄膜屋盖进行隔热处理。最后还有两个集装箱被竖起，创造一个高而狭窄的空隙，使自然光可以照射到入口处，同时也为整个平坦的地形做出标志。

该项目位于一个工业区的一条主干道旁边，这里车流量较大，常年穿梭着大型车辆。其中的每个办公空间都能直接看到室外的庭院景观。这些办公室都是内置的，花园为其带来光明与宁静，在这个喧闹繁忙的工业区中开辟出一片净土。

02

03

04 / 正门入口
05 / 从建筑内部看到的前庭
06 / 中央庭院
07 / 正门入口

平面图

05

06

08 / 中央庭院
09 / 会议室
10 / 位于前厅的庭院入口
11 / 中央庭院

10

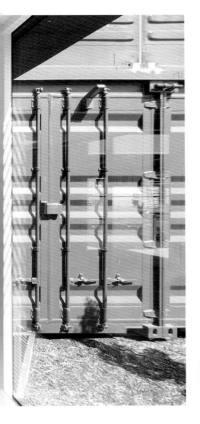

11

12 / 庭院入口处的前厅
13 / 工作区
14 / 从前厅看到的中央庭院
15 / 邻近庭院的工作区

14

15

惠特尼博物馆艺术工作室

01 / 位于麦迪逊大道的惠特尼博物馆
02 / 博物馆入口处
03 / 博物馆内景
04 / 博物馆组装建造过程

平面图

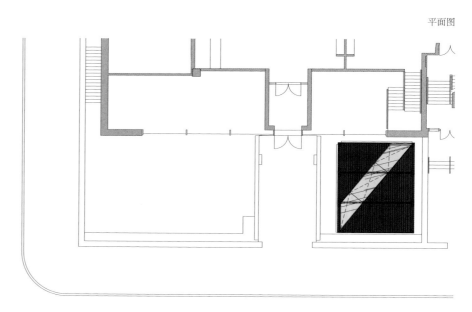

项目地点：美国纽约麦德逊大道 / **项目面积：**67 平方米 / **竣工时间：**2012 年 / **设计公司：**LOT-EK, Ada Tolla + Giuseppe Lignano, Principals, Virginie Stolz, Project Architect / **摄影：**丹妮 · 布赖特 / **客户：**惠特尼美国艺术博物馆

这个项目是为惠特尼美国艺术博物馆建一座艺术工作室。惠特尼工作室位于麦德逊大道上的惠特尼博物馆的马歇·布劳耶建筑的雕塑庭院里。工作室为惠特尼博物馆的教育项目提供了举办空间，其中包括为成年人、青少年和家庭举办的艺术制作课程、非正式讲座和专题展览。

这个建筑用到了 6 个钢制海运集装箱，摞成两层，形成一个巨大的立方体，它被设计出来填补入口桥南侧的开放的沟渠。立方体被沿着对角线剪切开，以形成一个两个侧面和屋顶组成的连续切削；立方体的内部也被进行了雕琢，产生一个双层高度的空间和一个三角形的夹层。在侧面和屋顶沿着对角线的连续条形窗户为建筑提供了自然光，还让来参观博物馆的游客能一瞥工作室内部的活动。工作室内部白色的双层高空间，为艺术品的制作和展示提供了空间，三角形的夹层可以摆放美术用品和电脑桌。

建筑立体图

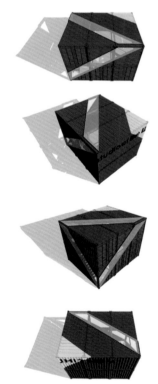

05 / 位于建筑对角线的窗户
06 / 建筑内部夹层空间
07 / 工作室内部空间

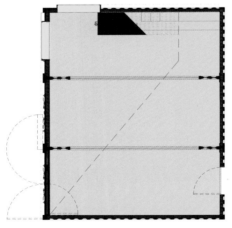

一层平面图

夹层空间平面图

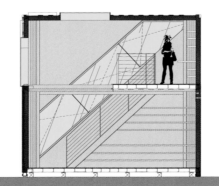

剖面图 1

剖面图 2

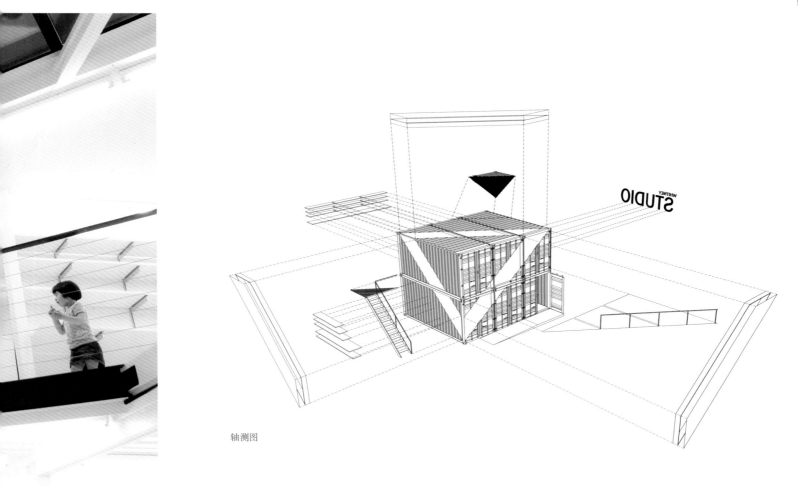

STUDIO
WHITNEY

轴测图

07

黑兴根工作室

01 / 黑兴根工作室鸟瞰
02 / 工作室周围的景观环境

2010 年，一家德国广告公司聘请惠特克工作室为他们在黑森林的一个低成本工作空间进行设计，地址位于黑兴根镇郊外。项目竣工前，这家公司就停止营业了。设计师最近对这个项目故地重游，重新审视最近的项目，创作了这些它如果建成应该会是什么样子的图片。

客户热衷于使用海运集装箱以节省成本，并且需要一个小型办公室来展示他们公司的风格和特点。设计师从一间科学实验室中的晶体生长和黑兴根城堡高耸的塔楼获得灵感，把 11 个集装箱以放射状排列起来。上方的集装箱在天空中追溯太阳的路径，而下方的集装箱提供了一个由安静的办公区所组成的阵列，它们全都能通向办公室的中心。

由于该项目位于郊外的田野里，是一个非常独立的区域，设计师一直希望能找到一个愿意把这个项目继续进行下去的客户。

项目地点：德国黑兴根 / **项目面积**：90 平方米 / **竣工时间**：2010 年 / **设计公司**：惠特克工作室 / **摄影**：惠特克工作室 / **客户**：创业广告公司

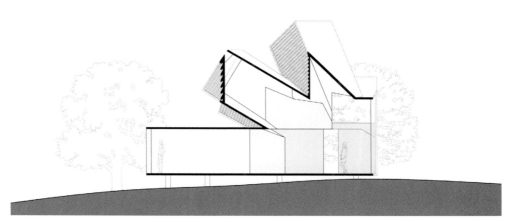

建筑剖面图

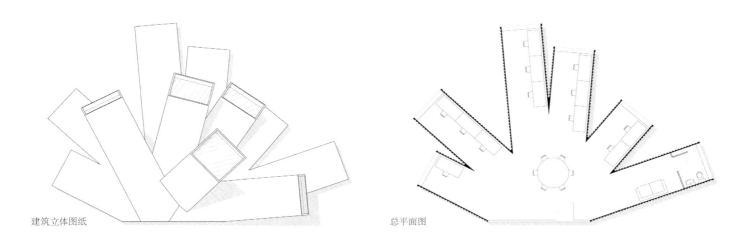

建筑立体图纸   总平面图

03

04

Cadde 商业集装箱建筑

平面图

立面图

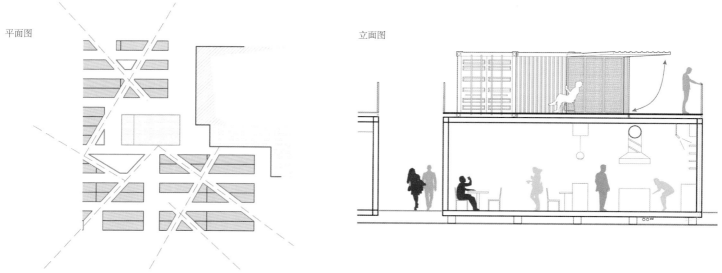

项目地点：土耳其伊斯坦布尔 / **项目面积：**1040 平方米 / **竣工时间：**2014 年 / **设计公司：**Gokhan Avcioglu & GAD 建筑事务所 / **摄影：**阿尔普·埃伦 /
客户：Ortadogu Oto

01 / 主广场
02 / 广场内部的主要小巷

这个项目是如此雄心勃勃和勇气可嘉，美食街这个词已经不足以用来描述它了。Cadde在伊斯坦布尔银币村开业，把 25 家以上精选的时装和生活用品零售商以及餐厅带到特朗普塔的屋顶露台上，并将其转变为不同于以往人们所见过的任何其他购物中心的场所。

通过使用海运集装箱——正如每个设计师都希望的那样，它能够打破建筑设计的模块化、统一性和普遍性的界限——这个项目将众多独立单元结合成一个庞大而复杂的系统之中，从而改变其建筑特征。主动空间和被动空间相互交错，开放、半开放和封闭式空间交替更迭，Cadde 不再只是一个简单的集装箱改造项目，而是一个缺少其中任何一环都不可的整体规划。设计师通过它，把人们熟知的古代集市的特质重新填加到当今的内向型鞋盒式设计之中。

简单而富有创意的概念，把模块单元引入到两座塔楼之间，形成了主巷和次级通道。较低的一层有 18 家店铺和餐厅，以其休闲广场、较宽的巷子和狭窄的捷径使游客感受都市气息。公共座椅和相邻的主题露台邀请游客在此驻足，宽阔的可打开的立面营造了户外的独特气氛，消除了室内外的界限，同时巨大的玻璃立面还为设计增添了透明性，并把华丽的内部装修展示出来。上面一层则没有那么高的密度。大面积的绿色甲板空间令人不禁停留，从高处欣赏风景。5 家餐厅把人们吸引到宽敞的露台上，绿色的区域让人们可以在此愉快地逗留，同时也把几个单元连接起来。露台这一层最明显的莫过于统一的设计风格。每个单元看上去都是或折叠或滑动，或是侧面敞开的陈旧海运集装箱。这些单元中，下面一层的单元上有波纹的钢制立面上显示着菜单和信息图，而上面一层所有单元集装箱外壳都是裸露的，没有额外的装饰。

02

一个钢制框架结构与一个地板下面的技术层相互配套，为每个单元的布局提供了灵活性。清水和污水，电力以及空调的冷暖气，都被输送到指定的地方。此外，这个矩阵还为个别模块——其尺寸范围从 15 平方米到 90 平方米不等，每一个模块的高度均为 3 米——为使用各种不同的材料提供了可能。为了最大限度地拓展建筑的可用性，走廊和阳台在夏季可以被打开，但是它们不会被强烈的阳光直射，而在冬天，它们是完全封闭并有供暖的，以使室内保持温暖。隐藏的服务通道和临时存放补充物品的缓冲区，都能连到地下室的服务电梯和储藏室；地下室和一层都有可供使用的冷藏间和储藏室。

集装箱主题的合成、折中以及丰富多彩的室内设计共同定义了这个项目的性质和魅力——它为两层的建筑和 25 个单元提供了不同的品质，使其获得各自的特征和风格。在用户们的眼中，Cadde 布局合理，创造出一种独特的都市氛围，而在幕后，设计师们的精心安排为运营商提供了一个强大的基础服务设施，Cadde 是一个创新，一种创造附加值的新概念，它将美食广场的概念提高到一个全新的水平。

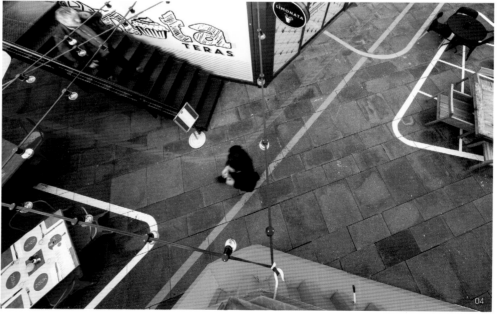

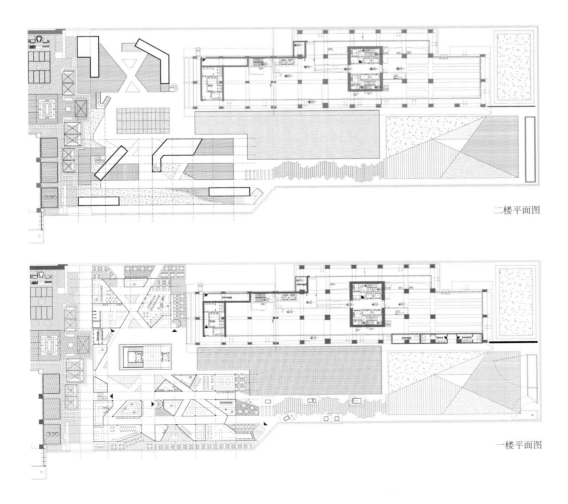

二楼平面图

一楼平面图

06 / 带露台的主巷
07 / 连接集装箱建筑的走廊
08 / 用于防震的集装箱保护系统
09 / 位于集装箱内部的零售店

07

09

多利农庄

01 / 建筑东南侧外观

多利农庄是上海最大的有机食品农庄，其产品包括国家环保总局检验认证的各种有机蔬菜和水果。在多利农庄的发展蓝图中，成为一个蔬菜生产基地不只是它的全部目标，这里将建设成为上海一处引领自然生活方式的新地标。这座建筑是一个整合了接待区、门厅（未来可为酒店客房服务）、贵宾区、农庄新办公区和食品包装车间的综合体。Playze 在设计中，将农庄的生产活动和参观者的体验密切地联系在一起。生产流程处于一个通透环境中，参观者可以仔细观察操作的每一个环节，提升对农庄产品质量的信心。可持续发展方式和对于质量的不懈追求相结合，形成多利农庄的核心精神，这也是设计中始终坚持的核心理念。

在项目中，建筑与环境在空间上所要建立的直接联系，是食品生产的工业化特征与周围农庄环境之间的虚拟对话。通过创造不同类型的视觉连接，设计的总体策略得以实现。集装箱具有标准化的特征，这与对不同空间的适应度要求相背离，比如入口、庭院、办公、室外平台等都需要不同的空间处理方式。景观方向、功能要求和空间序列，建筑在这三个因素的界定下，呈现了不同的空间状态。即使这样，空间框架仍然采用了具有标准尺寸的集装箱。

项目地点：中国上海 / **项目面积：**1060 平方米 / **竣工时间：**2011 年 / **设计公司：**瑞士 playze 建筑事务所 / **摄影：**巴尔托什·科伦克

集装箱的摆放方式总体上遵循了使用空间和气候条件的需要。悬挑部分醒目地提示了场地的主入口，参观者由此进入建筑内部到达接待台。一个由三层集装箱垒起的大堂构成了建筑的核心空间，穿过大堂，参观者就来到了内院，在这里等待的电瓶车可将他们带到酒店客房或农庄的各个角落。建筑的第二层通过两座天桥与办公区相连，这部分建筑被保留的厂房建筑覆盖着。厂房的东立面已经移除，所以新增加的集装箱办公室位于现有厂房屋面的下方，并在面对生产区的位置形成了新的内立面。

由于气候条件的影响，建筑需满足防渗、防漏、保温、隔热等各项要求，为了保证集装箱的纯净外表，设计中发展了大量的特殊节点。这些精巧的节点与相对粗犷的集装箱构件形成了鲜明的对照。此外，由于集装箱不规则的布置方式，其模数化的系统甚至受到了一定的挑战。集装箱的结构逻辑是一个框架盒子，其 6 个方向上的面都可以打开或保持封闭。针对不同的空间形态，这个特征被灵活应用，并最终整合在一个完整的结构体系中。在入口部分，辅助的支撑结构被优化到最小尺寸，以凸显集装箱"悬浮"的状态。为了消减盒子的封闭感，三层高的垂直空间分别向 3 个方向打开。在内院部分，二层的平台即成为下方开敞空间的屋顶，并在设计中引入了一些类似连廊的中式庭院形态。

为了实现业主对于环境保护的强烈愿望，项目中采用了一些针对性的策略以减少建筑能耗。整个建筑体都采取了保温隔热措施，即使这样，集装箱仍呈现了它初始的状态。集装箱的门扇在打孔之后安装于朝阳的立面，作为建筑外遮阳，减少太阳辐射热，有一台地源热泵设备为空调和地暖提供能量。可控的排风系统帮助优化空气交换的比率，减少能量的损失，LED 光源设备的广泛应用也减少了电量消耗。

项目的另一个目标是减少隐藏在建筑材料中的能耗，所谓的"灰色"能量。所以可回收的、生态可持续的、速生的或可循环再利用的材料得到广泛应用。货运集装箱被合理使用，首先因其结构能独立支撑，其次也隐喻"可再利用的空间"。尤其是轻量化的集装箱结构使对原有基础承台的再利用成为可能。速生的本地材料竹子被应用到室内和室外的地坪，以及固定家具。以上所列举的措施使项目成了一座真正的具有可持续性的建筑。

① 茶室
② 入口
③ 前厅
④ 三层高的大堂
⑤ 庭院
⑥ 技术办公室

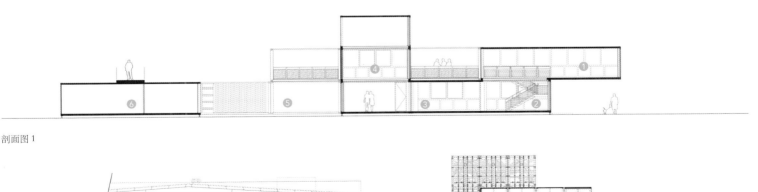

剖面图 1

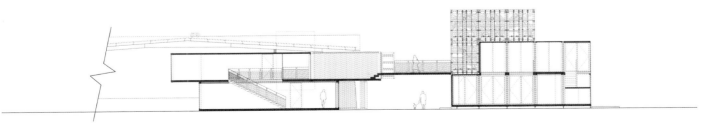

剖面图 2

02

03

02 / 主入口
03 / 主入口夜景
04 / 内部庭院

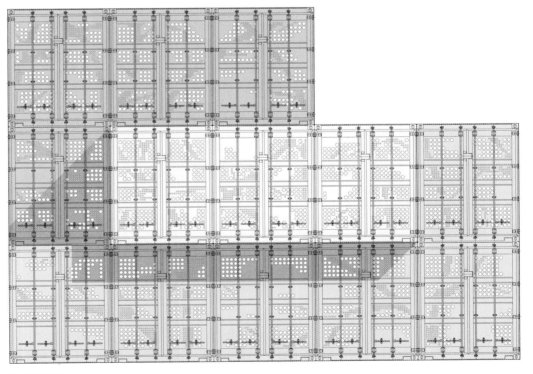

外立面细节图

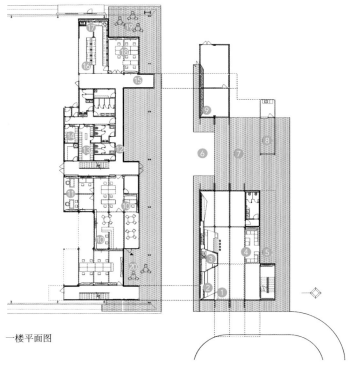

一楼平面图

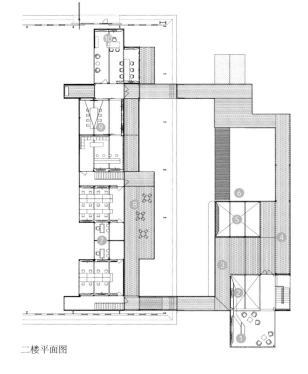

二楼平面图

① 入口
② 接待处
③ 大厅
④ 前台
⑤ 人行路
⑥ 电动车辆停放处
⑦ 庭院
⑧ 公共存储区
⑨ 打印室
⑩ 办公室

⑪ 经理办公室
⑫ 办公室＋客户服务处
⑬ 卫生间
⑭ 洁净室
⑮ 实验室入口
⑯ 测试实验室
⑰ 实验室储藏间
⑱ 工人公共休息室
⑲ 工人工作台
⑳ 员工工作台

① 茶室
② 双层高的入口
③ 外部露台
④ 遮蔽的露台
⑤ 三层高的大堂
⑥ 庭院
⑦ 展览室
⑧ 阳台
⑨ 客户会议室
⑩ 实验室技术工作站

05 / 双层高的入口
06 / 三层高的大堂
07 / 门厅
08 / 工作车间

福勒克斯阿迪达斯展馆

01 / 该临时展馆位于街道交会处，设计师非常欢迎民众
　　前来参观
02 / 展馆后视图

设计师接到委托，用 6 米长的集装箱修建一座长廊。这个想法是用 3 天时间在智利圣地亚哥市区的一个标志性建筑物前组装一个展示区。

客户给设计师提出了 4 个作为他们工作依据的前提条件：
• 模块：6 米长的集装箱。
• 时间：临时。
• 计划：展示。
• 地点：新产品和市区标志性建筑物之间。

项目地点：智利圣地亚哥 / **项目面积：**60 平方米 / **竣工时间：**2014 年 / **设计公司：**2712 / asociados / **摄影：**弗朗西斯科·伊瓦涅斯 / **客户：**Sud Producciones

---

考虑到要用一个完整的模块进行工作，设计师界定了一个它们之间相互连接的系统，就如一块块乐高玩具那样。基本的单位是 6 米 ×2.5 米 ×2.5 米的长方体。任务则是在 4 个模块之间建立起一种链接，以便在限定的时间之内组装和拆除它们，这些模块连接在一起后，会和它所处的城市环境有怎样的联系呢？另外，来自阿迪达斯品牌的一系列元素在其中被展示出来。

这 4 个集装箱，每个都着重突出了这次展览的一个时刻。以这种方式，参观者走完这个路线之后，都能完全理解每个独立的单元。在展示产品的第一层，两个集装箱被安放成"L"形。另外两个集装箱被组成另一个"L"形，被反方向地放置在第二层，每一组的两个建筑物之间都留有空闲的空间。

通过集装箱之间的空隙，人们可以看见圣地亚哥当代艺术博物馆美丽的外观。所以，集装箱被组合在一起的方式，建筑物之间的关系以及在它们之间留出的空间，显示出画廊和它所在的都市环境之间的联系。这样，该产品由被其周围的环境包容，成为一个有不同深度的空间元素，因其形体和内部空间而可以被识别。

这个加工产品的唯一目的就是在有限的时间内在那儿展示，这些箱子只是简单地被安装在其他箱子之上，吸引过往的路人进入其中，邀请人们去探索它，来丰富日常的生活。

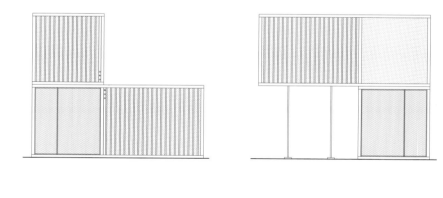

03 / 展馆入口
04 / 很多人慕名而来参观这座临时展馆
05 / 建筑正面图

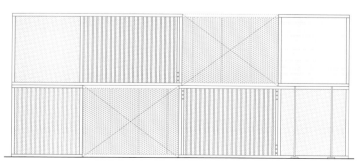

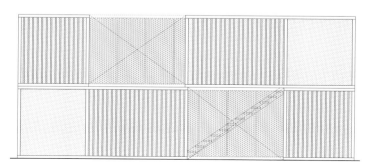

剖面图

06 / 展馆的二层
07 / 楼梯处的小庭院地面保持着原始的铺装路面
08 / 从建筑物内部观察到的外部庭院

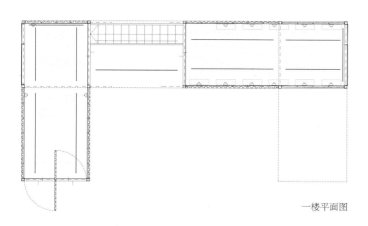

一楼平面图

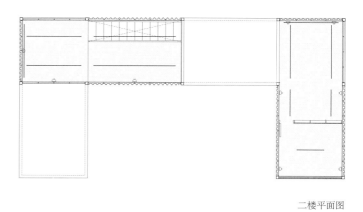

二楼平面图

07

08

拉普拉塔服装店

演示图

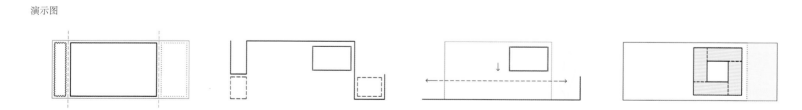

项目地点：阿根廷布宜诺斯艾利斯 / **项目面积：**317 平方米 / **竣工时间：**2014 年 / **设计公司：**BBC Arquitectos / **摄影：**曼纽尔·卡洛蒂·比迪诺斯特 /
客户：拉普拉塔

该项目的委托方是一家位于阿根廷布宜诺斯艾利斯新商业区的一家服装店。一所有结构损坏的老房子，被一个简单的工业容器所替换了，它为这个销售区创造了灵活性。这项工作通过 3 个元素发展而来，立面、室内和天井。在建筑物的上部，立面重塑了建筑的轮廓，形成一个阳光控制的平面，下面的部分则由橱窗向外界展示，吸引公众进入其中。

由于该项目地点临近恩塞纳达港口，因此设计师使用了 4 个作为加工部件的海运集装箱，它们安装简便，还能够满足对储藏空间的需要，同时也可以适应任何活动。整栋房子的举架变得很高，拆除障碍物之后，上部的空间都被释放出来，使不同的空间可以进行很好的互动。在连接部分和集装箱之间建立起的关系，限定了该项目的分区，也决定了其范围和模块划分。

使用集装箱的想法来自于对有效销售区域和建筑时间和成本这两者的优化，设计师利用一层的灵活空间展示全部的服装，把二楼当作储藏空间和一间小办公室。

01 / 建筑内部采用高质量的集装箱作为建筑的一部分
02 / 建筑物正面图
03 / 位于二层的悬空式集装箱

该品牌发展出来的工业语言使设计师可以用集装箱等符合标准化模块的组件来工作，将之作为集成产品中的一个零件。可动的家具部件，包括装有滑轮的货架和桌子，补充品都很适合这样的展示风格，它们强化了主空间中的开放感觉。建筑工人用可以挂到集装箱的角上已有的插槽上的特质部件，把波纹样式的钢制集装箱连接到钢制房梁上。它们由墙里的混凝土柱子支撑着。

设计师决定把集装箱悬浮起来，在入口、双层高的空间、集装箱和庭院之间创造出一种序列。集成到集装箱底部的灯照亮了试衣间和摆放服装展示架的区域。一部用和天花梁有同样"I"形横截面的倾斜的钢制部件组成的楼梯，从一楼连接到其中一个悬空的集装箱的开口处。

其中一个集装箱的一侧装有一个起重机，可以把货物从一楼运到二楼。另一侧有一个厕所，以及一个通到一楼的用于排污水的管子。一楼的后面有一座玻璃墙，外面是一个庭院，里面种满了植物，这种自然景色与内部的工业风格形成对比。悬挂在天花板上的裸露的荧光灯灯管和挂在墙上的喷绘的自行车车轮等装饰细节，为这种工业风装修做了补充。

外观上，建筑的正面延伸到相邻的单元的高度。一楼的整面窗户为入口两侧的服装提供了展示的场所，而装在二层正面的铁网遮挡了它后面的玻璃墙。

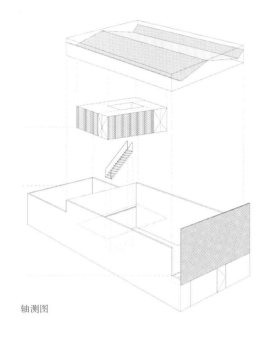

轴测图

04 / 工业化的内部装修特色与院子里的绿色植被形成了
视觉对比
05 / 嵌入式照明系统下的更衣室和展示区

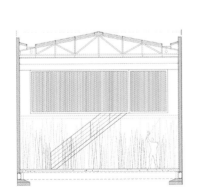

剖面图 A

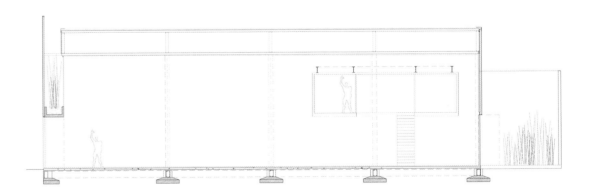

剖面图 B

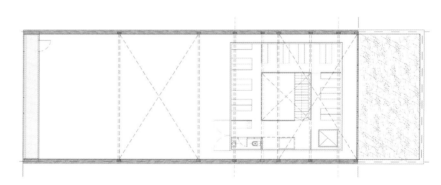

一楼平面图

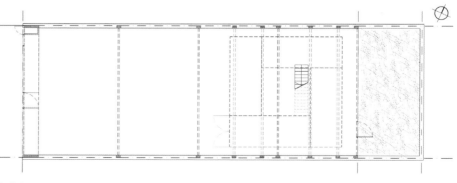

平面图

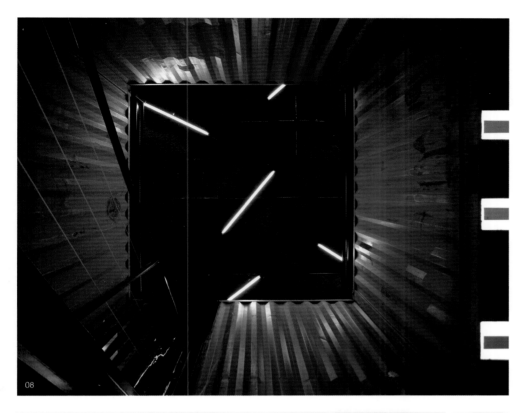

08

09

06-07 / 集装箱建筑的拐点区域
08 / 屋顶灯
09 / 通往集装箱建筑的楼梯

希尔费格时尚展台

01 / 集装箱建筑及其附近的游泳区
02 / 广告区

2010 年，阿姆斯特丹的时尚品牌"希尔费格牛仔"委托 2x20ft 建筑事务所为其设计时装展的展台，这个时装展是柏林 BREAD & BUTTER 在滕珀尔霍夫机场旧址举办的。他们的这种合作持续了 3 个季度。其成果十分突出，设计师为每次的设计保持了相似的理念。

这次时装展，"希尔费格牛仔"并没有出现在时装秀上，所以他们的展台必须足够醒目，既要有巨大的辐射力，又要有吸引力。设计师的想法是在由 30 个海运集装箱所组成的集装箱墙上贴满街头艺术风格的照片，并把这个引人瞩目的巨型广告牌从集装箱建筑后面立起，构成一组对其时尚概念的宣传。

集装箱展台一共有 3 层。第一层有接待区、咖啡吧、宴会台和举办各种室外艺术活动的露天平台。第二层是休息室，第三层是一间带有全景阳台的 VIP 酒吧。

项目地点：荷兰阿姆斯特丹 / **项目面积**：350 平方米 / **竣工时间**：2011 年 / **设计公司**：2x20ft 建筑事务所 / **摄影**：2x20ft 建筑事务所 / **客户**：希尔费格牛仔

2011 年夏季时装展，设计师再次通过在集装箱展台和集装箱墙壁上张贴最新的宣传图片获得最大的关注度。除此之外，他们还建了一个开放式的露天平台和安装着玻璃墙的游泳池，希尔费的集装箱展台通过上述区域与 Bread & Butter 主展场的牛仔服装基地连接在一起。泳池成功地吸引了很多人的目光，不过它同时也是展示新泳装系列的秀场。

平面图 1

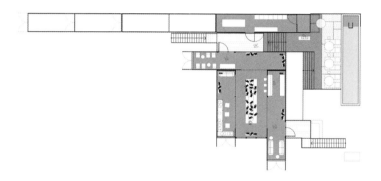

平面图 2

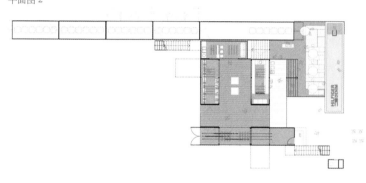

03 / 休息区
04 / 游泳区
05 / 泳池旁的休息区

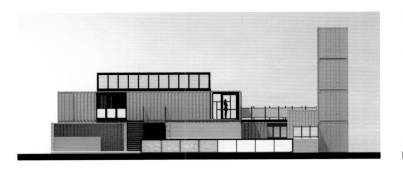

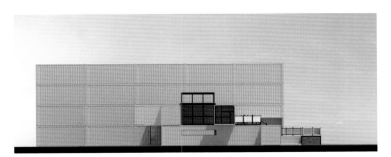

立面细节图

D.O.C.K. 集装箱结构

01 / D.O.C.K. 集装箱侧面视角
02 / D.O.C.K. 集装箱正面

著名时尚展会运营商柏林 Bread & Butter 在 2011 年秋季委托 2x20ft 建筑事务所设计并建造一座集装箱建筑，它要能够容纳 12 家创意时尚品牌的展商，并提升展会的视角效果。D.O.C.K. 由此诞生，并成为设计师的代表作品。

较大的单元位于一层，由 3 个集装箱所组成。而二层则有 6 个悬臂式集装箱，可分别为小型公司、迷你酒吧或会谈场所提供空间。建筑结构的两侧都架设了楼梯，参观者可以在其中漫步，他们的左右两侧都有店铺，有种迷你的"大道"的感觉。第三层有一间集装箱咖啡厅，其中的露台为参观者提供了俯瞰整个展场的绝佳视野。

可以按照 D.O.C.K. 集装箱结构的组装方式继续在其上添加集装箱，组成一个更大的建筑物，作为商业步行街来使用。这个建筑由柏林 Bread & Butter 在 2012 年到 2014 年间使用了 3 次。

项目地点：德国柏林 / **项目面积：**266 平方米 / **竣工时间：**2011 年 / **设计公司：**2x20ft 建筑事务所 / **摄影：**2x20ft 建筑事务所 / **客户：**Bread & Butter 时尚展

三楼平面图

二楼平面图

一楼平面图

03 / 库房和休息区
04 / MUTE WATCH 区域
05 / 广告区
06 / 鞋子售卖专区
07 / SPORT & STREET 区域

05

06

07

2016 年德国汉诺威工业博览会
德国电信公司展位

01

01 / 展台全貌
02 / 6.1 米的集装箱展览空间

未来的工业将是智能的并通过云来相互连接起来的。经典工程遇见数字技术，产生了完全崭新的商业模式。但是数字化转型的巨大可能性要被如何转化为公司的坚实创新呢？由 hartmannvonsiebenthal 为德国电信公司在 2016 年德国汉诺威工业博览会上设计并建造的展位，把数字元素和工业设施的外观连接在一起，符合其"数字化、简单、让它发生"的格言。

项目地点：德国汉诺威 / **项目面积：**200 平方米 / **竣工时间：**2016 / **设计公司：**hartmannvonsiebenthal GmbH / **摄影：**安德烈·米勒 / **客户：**德国电信公司

3 个集装箱与木质托盘相连，在视觉效果上和实质上与简洁的技术空间形成对比。两个 6.1 米的集装箱作为建筑的一层，为展览和员工设施提供额外的空间。而在其上，一个 2.19 米的集装箱被当作建筑物的第二层，它的一侧被打开安装了屏风，以产生一个独立的会议空间，也为人们提供一个展场的独特全景。

在这个项目中，对 3 个集装箱的应用尤其突出。这些集装箱不仅结实耐用，而且还有低碳和富有创意的特点。设计师把这些集装箱喷成白色和玫红色，并在表面写下关于展场活动的文字，吸引参展商走访他们的展位。

02

设计效果图

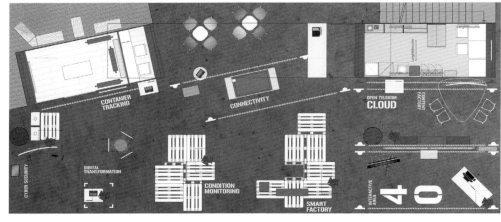

平面图

03 / 带有公司标志的集装箱侧面
04 / 集装箱外部的休息区
05 / 集装箱内部的会议室

04

05

缪斯一号

01 / 缪斯一号正面
02 / 设计师在木甲板上建造了用于客户休息的空间

这个集装箱房屋位于高崎的郊区,那里是一片温和的土地,四周有蔓延的稻田。设计师们和土地所有者一边吃着草莓大福,一边研究着项目方案,他们认为巨大的橙色物质与平和的稻田地很相称。

在日本,除了临时的艺术设施和避难所外,海运集装箱需经过加固之后才能作为建筑空间使用。在这个项目中,设计师选择使用木结构作为建筑物的主要结构,而集装箱则被用来作为建筑的外表面。由于海运集装箱本身有统一的标准,设计师们也为木材提出了一个统一的切割标准,使其可以在集装箱内部构建架构。对于 6 米长的集装箱,3 名建筑工人花半天时间就能搭建起设计师设计的框架。他们认为这是一个半自助修建集装箱房屋的新方法。用这种方法,人们可以有效地利用在全球市场上已经过剩的旧集装箱。

这栋集装箱房子被用作犬类美容院,它被命名为"缪斯",是因为这家宠物美容院旁边有一间理发店是这个名字。"一号"的英文发音和日语的"汪"的发音相似。人类理发店的旁边是宠物美容院,这倒是很具有讽刺意味。橙色的墙壁颜色是由业主亲自喷涂的,周围的景观也由业主亲自设计。

项目地点:日本群马县高崎 / **项目面积**:28 平方米 / **竣工时间**:2013 年 / **设计公司**:早川友和建筑设计事务所 / **摄影**:早川友和建筑设计事务所

02

① 员工活动室
② 入口
③ 平台

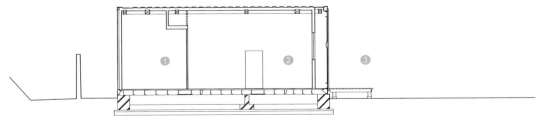

剖面图

03 / 该建筑的背面
04 / 客户选择了橙色为建筑主色
05 / 入口处前台
06 / 前台内部构造
07 / 连接入口及内部的走廊
08 / 明亮的洗漱间

室内平面图

① 停车场
② 花园
③ 露台
④ 入口
⑤ 宠物美容空间
⑥ 操作间
⑦ 洗手间
⑧ 员工办公室

05

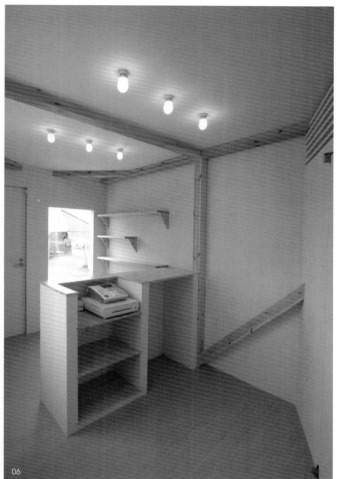

06

07

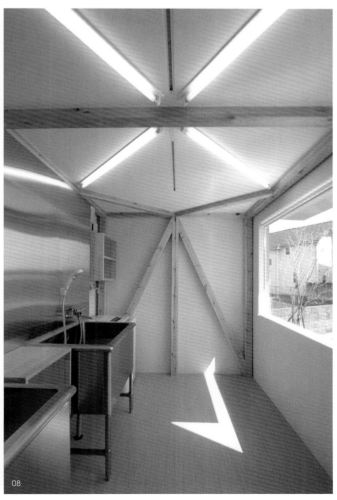

08

UANDES 实验室

01 / UANDES 实验室外观
02 / 从远处观察到的 UANDES 实验室
03 / 室外走廊

这个项目是建在智力圣地亚哥的一间实验室，它使用到两个集装箱。这个项目的最主要的挑战是客户选定的项目位置暴露在光照最剧烈的地方。设计师没有把这一点当作不利条件，而是发挥其设计的潜能，减轻这种影响。

主入口上面架设一个漂亮的屋檐，它能遮住一部分从北面照射过来的阳光，其下面有一个连接建筑物和道路的斜坡。从西面和西北照射过来的持续全天的阳光，则由一个延伸出来的走廊遮挡，它提供了冷却空气，保持室内通风的功能。与这个过程相反，建筑还可以透过涂漆的木栅栏把内部的热量辐射到外部去。走廊也划分出一个把室内与室外连接在一起的过渡空间。

项目地点：智力圣地亚哥 / **项目面积：**56.1 平方米 / **竣工时间：**2014 年 / **设计公司：**proyectoARQtainer / **摄影：**Rubén Rivera Peede 和 Julio Oyarzún Flores

这个项目的程序主要考虑了两个区域，这是由两个模块所决定的。其中之一是办公室，主实验室和处理实验室，另一个是外面的走廊。从结构上来说，这座56.1平方米的建筑由折叠钢板制成的预制模块组合而成。它是在一个水泥底座和金属支架组成的大平台上组装起来的，这个大平台能够确保一个最佳抗震性。

这个模块结构的其中一个主要特性是大部分结构在运到施工地点之前已经制作完成，运来之后，只需要进行组装和收尾工作即可。因此，这种方式可以显著节约成本。另外，它也能保证施工地点的整洁，避免产生多余的碎片和建筑废弃物。

建筑平面图

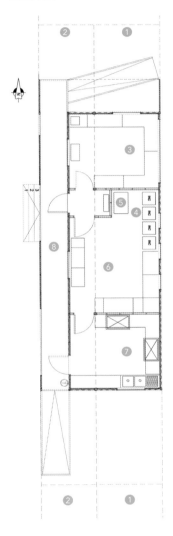

① 模1
② 模2
③ 办公室
④ 培育室
⑤ 温室
⑥ 主房间
⑦ 加工实验室
⑧ 走廊

04 / 通往室内的户外甲板
05 / 建筑旁的走廊

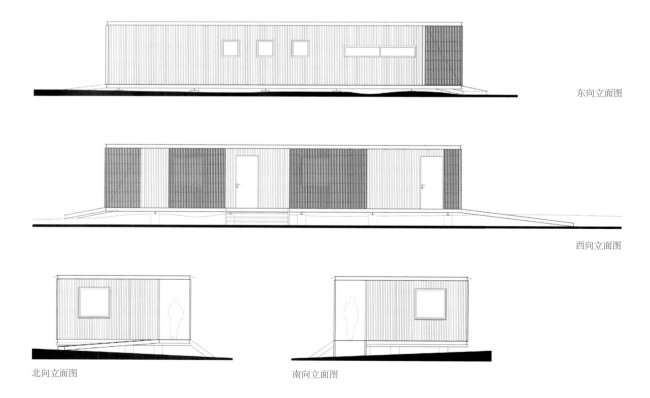

东向立面图

西向立面图

北向立面图   南向立面图

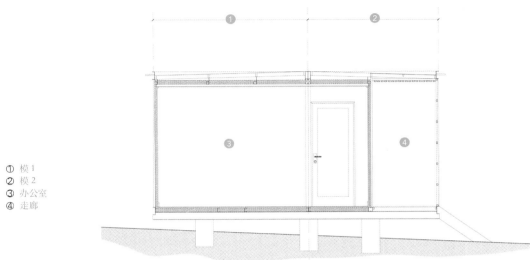

① 模1
② 模2
③ 办公室
④ 走廊

门庭构造图

博塔博塔公园

01 / 博塔博塔公园俯瞰图
02 / 泳池及休息露台

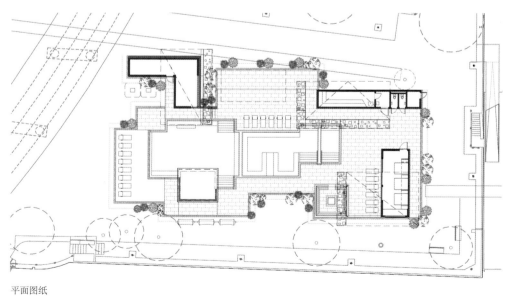

平面图纸

项目地点：加拿大蒙特利尔老港 / **项目面积：**150 平方米 / **竣工时间：**2015 年 / **设计公司：**MU 建筑事务所 / **摄影：**法尼·迪沙尔姆 / **客户：**博塔博塔（丹尼尔·艾蒙和吉内薇芙·艾蒙）

博塔博塔公园位于蒙特利尔老城的中心位置,圣劳伦斯河的港口旁,其中的博塔博塔温泉浴场是一个著名的旅游景点。这个港口历史悠久,在蒙特利尔市显得格外与众不同。这个场所被水域、植被和大规模的谷仓环绕。MU 建筑事务所受到委托,在这个特殊的地点设计一个作为休憩场所的绿洲,一个市中心的小天堂。在轮船温泉浴场、圣劳伦斯河和高架铁轨之间,博塔博塔公园开始逐渐成型。MU 建筑事务所为此地拟定的开发理念是用一系列绿色环保的步骤把轮船和地面逐渐连接在一起。通过选择海运集装箱来当作结构的主要元素,设计师可以展现装货码头的概念,并创造出对港口环境的示意。

大船坞的设计布局包含多个技术挑战。由于这个地点被水包围,所以施工队没有办法使用重型机械。而南面的铁路和茂密的植被也让他们几乎不可能把卡车或小型车辆驶进这个地方。设计师还有必要使用一种半永久的装置,使建筑物可以在此处简单地组装和拆卸。因此,只有海运集装箱,凭借其杰出的循环利用能力,可以用驳船运到这里,并被组合成一栋栋建筑,成为休闲区域、蒸汽浴和引擎室。

设计师把这些"临时展馆"排列起来,为游客创造出一个可以放松和发现的机会。该建筑的主要立意是创造一系列简单但是高雅的独栋建筑,它们共同构成风格强烈的空间。设计师特别把这些独立建筑物布局在特定的位置,以使它们和谷仓、Habitat 67、蒙特利尔老港口以及城市的摩天大楼等美景连成队列。巨大的绿色屋顶从集装箱上伸出,因太阳移动而产生的阴影更增添了其绿洲的感觉。这些屋顶的下表面由具有激光切割出来的方形图案的大金属片组成,它们映在地面的影子,随着太阳的运动节奏翩翩起舞。

这个项目伴随着 MU 建筑事务所的理念而生。它是一个敏感的项目,其全部要素都被充分整合到它的地点当中,并将该地点的即时环境和历史背景的不同元素都纳入了考量。博塔博塔公园现在已经竣工,拥有多种功能,定期吸引大量游客和当地居民。这个独特的项目有助于蒙特利尔建立其国际化都市的声誉。

03 / IPE 木外墙
04 / 建筑外部休闲区
05 / 从入口处观察到的庭院内景
06 / 休息室

室友集装箱旅店

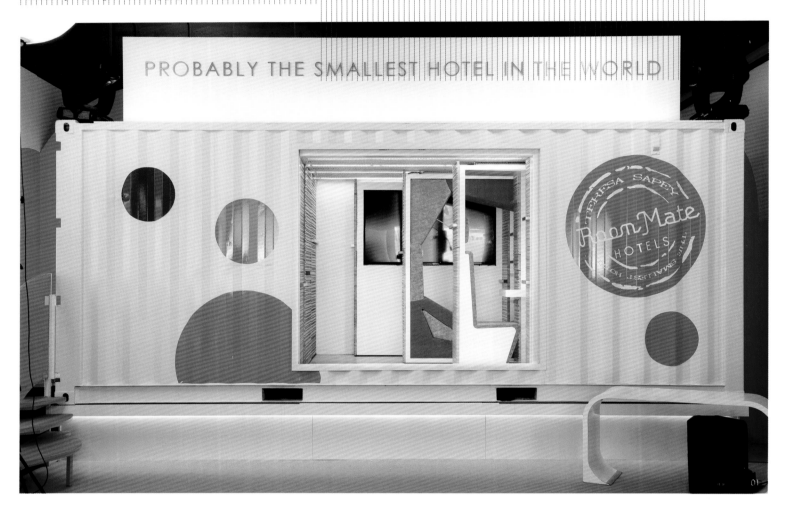

PROBABLY THE SMALLEST HOTEL IN THE WORLD

01 / 工业集装箱被改造成了一家四星级酒店
02 / 不同时期酒店的建设进度

一个伟大的天才曾说过："所谓发疯，就是反复地做同一件事情，却期待不同的结果。"在传统的旅店里，客人们想做什么就会到什么地方去……因此，设计师们反其道而行之，按照客人的需求，让旅店本身变化。

在处理这样一个狭小空间时遇上的难题，其解决办法通过观察魔法就可以很容易理解。实际上，这里的各个模块围着一个中心轴进行旋转，以获得表面颜色不同的区域。这样，各个模块能够按照客人的需要组装在一起，单独或集体，这样，几平方米的地方就可以容纳多个房间。

这个房间的入口没有使用传统的样式，也不是门，而是一个巨大的苹果面板，它连接着通往中心模块的走廊：一个中间区域。一旦进入这里，你就可以看见使中间区域变得五颜六色的集成在一起的各种功能区，这些可以简单拆卸的模块被建成一个集成系统，并根据如下功能进行设置：接待区、主卧室、更衣间、餐厅、卫生间、酒吧、健身房和休息区。

项目地点：西班牙马德里 / **项目面积**：15 平方米 / **竣工时间**：2014 年 / **设计公司**：特里萨·萨佩建筑设计事务所 / **摄影**：赫尔曼·赛斯 / **客户**：室友旅店

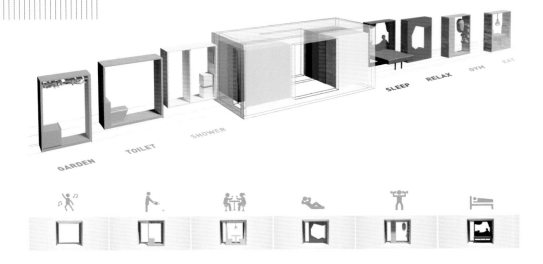

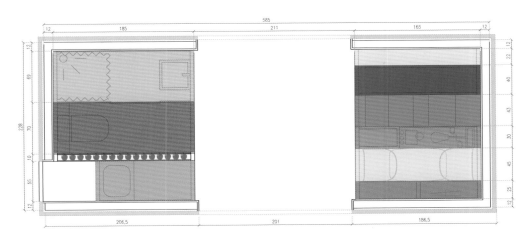

细节图纸

如上所述，居于中央的空间是中性的，用温暖而舒适的实木板装修，周围则是基于魔方原理的可移动的模块，客人们可以通过模块的不同颜色区分它们，实际上，这些颜色是为了便于客人牢记它们的功能，精心设计后分配给它们的。设计师们所选择的颜色都不是随机的，而是为了激发某种与其环境相对应的特定的情感或感觉而特别选定的。例如，红色的健身房意味着提供能量和力量，而深蓝色调的卧室旨在向房客传达一种宁静的感觉。

总而言之，这样的空间被赋予了灵魂和个性，惊喜和色彩。它是能不断引起房客心理情感的"移情空间"：在这里，人们不再是陌生人，在这里的几个小时中，他们能体会到回家的感觉。

02

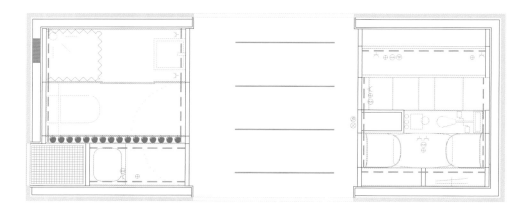

平面图

⌁ 插座

--- 14.4 瓦的 LED 照明灯

—— 嵌入在屋顶的 14.4 瓦的 LED 照明灯

▦ 天花板内的嵌入式照明灯

⊗ 嵌入在顶棚的音箱

♪ 立体声音箱

⊕ 光源

⊤ 电话

⊖ 小型媒体控制中心

▬ 控制器

03 / 舒适的起居室
04 / 酒店内部舒适的居住空间配备有色彩明快的洗漱室
05-08 / 卧室内部有多种多样的娱乐设施

05

06

07

08

集装箱咖啡酒吧

01 / 酒吧的整体外观
02 / 墙面上的酒吧标志
03 / 外部就餐区域

平面图

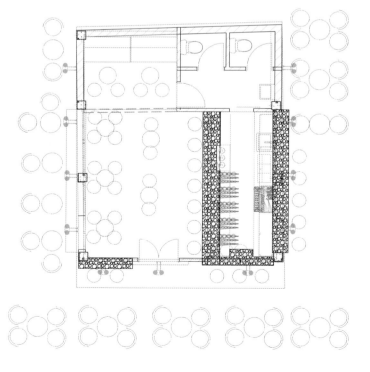

项目地点：希腊韦里亚 / **项目面积：**50 平方米 / **竣工时间：**2015 年 / **设计公司：**康斯坦丁诺斯·毕卡斯设计事务所 / **摄影：**安东尼奥斯·巴扎卡斯 / **客户：**约安尼季斯和卡拉乔格斯

集装箱咖啡酒吧位于希腊韦里亚市的一个中央市场，这是一个独特的从集装箱获得灵感的咖啡酒吧。这里储备丰富，为顾客提供招牌咖啡和鸡尾酒。

集装箱风格来自于设计师们想要创造一个与众不同的咖啡酒吧的想法。他们使用金属和镀锌真空加热管等材料，和旧的木质屋顶一起，创造出一个能长久存在的混合式现代经典建筑。

手工制作的水泥地面和白色的墙壁创造出一种复古的效果，木材和铁制的照明装置、大胆的黄色复古入口和用树干制成的高脚椅，所有这些想法混合在一起，形成这种完全是一次性定制的复古现代风格。集装箱咖啡酒吧的风格中包含了现代感，同时这种现代感被一种独特的古典氛围恰当折中，使其可以很好地融入韦里亚市中心的环境，并为人们提供一个享受生活的理想场所。

04 / 酒吧内部装饰
05 / 酒吧前台
06 / 卫生间
07 / 酒吧前台侧视图

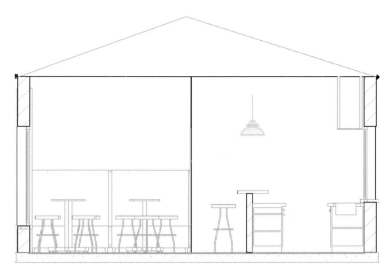

剖面图

06

07

长湾售楼处及咖啡厅

01

01 / 长湾售楼处及咖啡厅全貌
02 / 室外凉亭

陶德房产集团需要一个有创意且可以移动的售楼处，于是他们委托卡姆·科顿接手这个项目。长湾售楼处是陶德房产集团最新的销售办公室和咖啡厅，这个项目的地点位于奥克兰最新划分出来的长湾的北岸的坡上，从这里可以看见美丽的港湾。这栋建筑由4个集装箱和1个玻璃天井组合而成，在周围的住宅建筑中显得非常突出。

办公室和展示厅的空间由一个6.1米的集装箱和一个12.19米的集装箱相连组成，把它们连接在一起的是一个玻璃天井，这个空间容纳了一个6米、长5米宽的沙盘。另外两个12.19米的集装箱的两侧被切割出巨大的开口，然后被连在一起，这里能容纳一间完整的商用厨房、两个卫生间和一个放置座椅的区域。钢制的横梁和框架被焊接到集装

项目地点：新西兰奥克兰 / **项目面积：**120 平方米 / **竣工时间：**2012 年 / **设计公司：**Complete 建筑公司 / **摄影：**卡姆·科顿 / **客户：**陶德房产集团

箱之中，以获取结构的完整性。巨大的滑动门将室内和外部巨大的甲板区连接在一起，那里摆放着更多用遮阳帆盖住的座位，门框还像画框一样截取了户外的全景。这栋建筑被精心设计，以使其能够被拆除并在其他位置重新装配。

设计师在设计阶段就做好周密计划，克服了排水防水，钢材焊接和玻璃中庭的技术难题，以确保组装阶段一切顺利。集装箱在位于芒格努伊山的仓库里进行拆分和预装的准备，因此，设计和测量能够做到尽可能精确，以便建筑能够在施工地点被正确地组装起来。

总平面图

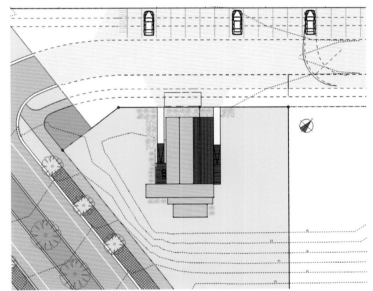

建筑平面图

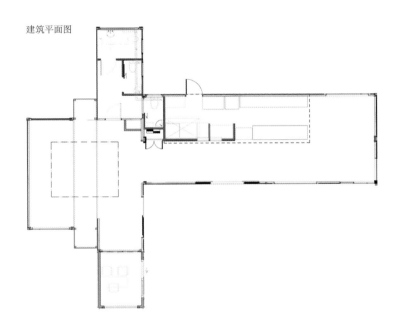

设计师接纳集装箱原本的工业属性，保留其原本的外壳，并在上面喷涂黑色哑光油漆。他们把有瓦楞纹理的结实耐用的钢材与光滑的半透明玻璃相互连接在一起，组成建筑的外壳；使用温和的 LED 灯，在夜晚照亮标示图案；在内部铺设黑色的桦木胶合板木框，以凸显材料的本质，设置大量的窗户，使室内充满由窗框截取出的壮观的风景；在地上铺设有趣、耐用且便于行走的布满颗粒的黑色橡胶地板。

墙壁和天花板铺的是欧洲高级桦木胶合板。LED 照明全部从欧洲采购，它们配合黑色涂层，既为空间带来惊人的光照效果，也从环境和成本两个方面提高能源使用效率。其中的卫生间使用的是商务卫生间套间，其中包括 Methven Kiri 品牌的洗手池和水龙头，以及 Dyson 的干手器。商用厨房小巧紧凑却装备齐全，烤箱、煎锅、冰箱、展示橱柜、搅拌器、三明治机和水过滤器都有序地摆放着，这个厨房可以提供早餐和午餐。服务台是由黑色胶皮包裹的黑色橱柜，其上摆放的意大利浓缩咖啡机全天提供咖啡。

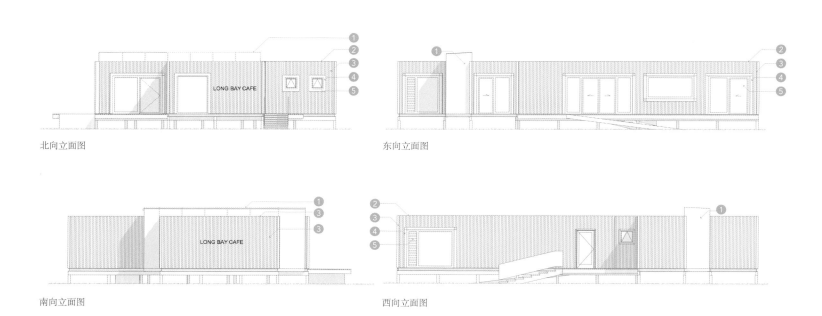

北向立面图

东向立面图

南向立面图

西向立面图

① 中庭玻璃窗
② 现有集装箱屋顶被涂成冷色调，同时采用丁炔醇条进行密封
③ 现有集装箱表面被涂成冷色调
④ 集装箱的所有窗户都经过了密封处理，且喷涂成了与建筑外观匹配的颜色
⑤ 集装箱窗户周围进行了精细的木工处理

窗户框架

03 / 建筑外的绿色空间
04 / 户外休闲空间
05 / 室内空间

06

06 / 玻璃屋顶
07 / 室内楼盘展示区
08 / 室内餐厅

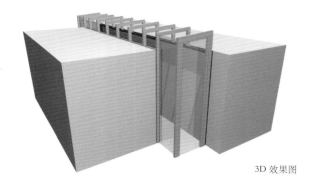

3D 效果图

07

08

Sparkasse 银行
VIP 赞助商集装箱酒吧间

01 / 建筑物正面
02 / 户外座椅

音乐会承办商 Hockey Park Betreibs 股份有限公司需要为他们的赞助商提供一个新的贵宾楼，2x20ft 建筑事务所接受了这项委托，并设计了这座集装箱酒吧间。

这个项目由一个单独的集装箱构成，其中配备了一个功能齐全的酒吧和一个配有家具的休息区。内置的酒吧能够满足完美服务所要求的全部必要功能：集成冷藏饮料自动贩售机、制冰机、制冷设备和充足的储存空间。酒吧区可以折叠起来，通过宽阔的滑动门可以进入休息区。

项目地点：德国门兴格拉德巴赫 / **项目面积**：30 平方米 / **竣工时间**：2015 年 / **设计公司**：2x20ft 建筑事务所 / **摄影**：2x20ft 建筑事务所 / **客户**：Hockey Park Betreibs 股份有限公司

屋顶阳台被嵌以木质地板,是观看体育场舞台的理想平台,客人无论在这里坐着还是站着都会感到舒适,这个阳台再加上完美的周边环境,成为休闲和聚会的最佳选择。酒吧的户外区域由一层木板平台和一层铺着鹅卵石的地面组成,这里摆放的家具造型现代,色彩简单。这栋建筑的样板获得德国技术检验局的批准,可以作为一个完整的产品在德国全国范围内推广部署。

集装箱活动间精致轻便的结构意味着它可以在不同的活动当中大展身手。这些集装箱和它们的多元化特征能够使独特的企业形象和品牌更好地展现在公众面前,它也因此成为传统啤酒车的完美替代品。

① 酒吧
② 休息室

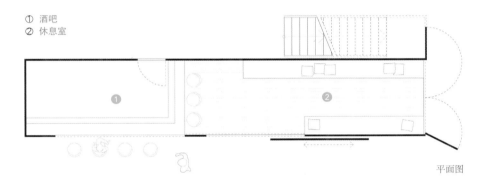

平面图

02

03 / 室内休息室
04 / 屋顶平台
05 / 休息室的墙壁上挂满了壁画

03

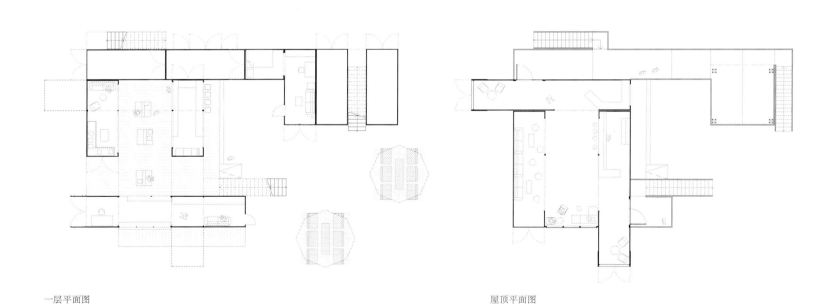

一层平面图   屋顶平面图

04

05

伦敦南岸 Wahaca 餐厅

01

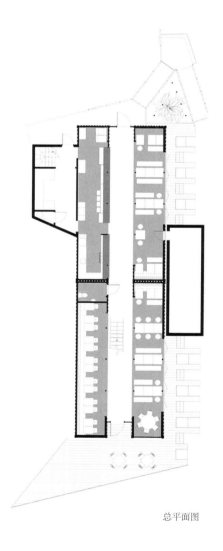

总平面图

项目地点：英国伦敦 / **项目面积：**3990 平方米 / **竣工时间：**2012 年 / **设计公司：**Softroom 设计事务所 / **摄影：**约瑟夫・伯恩斯 / **客户：**Wahaca 集团有限公司

伦敦南岸 Wahaca 餐厅被开玩笑地称为南岸实验，对设计师来说这是一个特别的任务。该项目 2011 年秋委托出去，这个建筑是一个"可运输"的餐厅，设计师用回收的集装箱作为设计的核心组件。

这个项目的一个特别的挑战是既要使用集装箱这种固定的建筑元素，又要确保 Wahaca 品牌的活力和温暖能够被保留。项目的关键是要确保集装箱上用一系列走道、窗户和阳台来把它打开，以便让尽可能多的自然光照射进建筑物之中。每一个集装箱都被涂成了充满活力的颜色之一，设计师选择这些颜色来唤起墨西哥街头景象的特征。而集装箱的里面，设计师使用定制的照明设计，崭新的和回收的家具来赋予其独特的气氛。

设计师发展了使用集装箱的这个想法，不仅为了提醒游客这个河段的工作历史中的餐厅，还有一个更实用的原因，集装箱有限的高度可以使建造者们用一层楼高的空间建造出两层的餐厅。每个集装箱都被涂成从深绿色到稻草黄色等 4 种充满活力的颜色之一，它们使这些丰富多彩的集装箱和周围的灰色环境形成鲜明的对比。设计师选择这些颜色，既参考了典型的墨西哥街景中被喷涂的外墙，也参考了装箱船和集装箱港口中常见的配色。

其中一个顶层集装箱被设计成在餐厅入口上方悬空出去的形态，为一楼的上方创造出一个挡雨棚。而当人们来到上层时，这个悬臂有加强从酒吧看到的河上西敏寺风景的效果。

01 / 室外就餐区
02 / 露台座位
03 / 餐厅入口

餐厅内部，前排和后排的集装箱靠一个安装有玻璃的链接空间连在一起，它不单能容纳连接两层的楼梯，还能最大化照进建筑里的自然光。设计师用定制的、新的和回收利用的家具混搭，伴随着独特的照明设计，使每个集装箱都有自己独特的特征。

室外有多种座椅可供游客休息，有建在餐厅周围的木质平台上的观景桌椅，也有露台酒吧，还有可以俯瞰皇后步道的街边酒吧。Wahaca 还委托提瑞斯泰·曼科 (Tristan Manco) 为木质平台的座椅区组织一系列街头艺术的壁画。与餐厅开张同时绘制完成的第一个作品是著名的街头艺术家萨纳 (Saner)，他为了承担这项壁画的工作，从墨西哥城来到此地，这幅壁画将在餐厅存在的期间内一直展示给游客。能为 130 名用餐者提供座位的伦敦南岸 Wahaca 餐厅，于 2012 年 7 月 4 日开始营业，它为游客提供一个令人兴奋和独特的用餐体验，来赞美南岸中心的世界性节日。

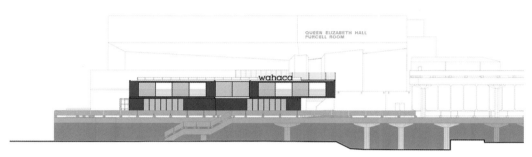

立面图

04

04 / 带有定制照明灯的餐厅内部装饰
05 / 从餐厅可以看到美丽的河景
06 / 入口前的餐厅标志
07 / 取餐处

CHI.LL.I. /PPR   350,000 SHU
                  9/10
MASA. FLR
TACO   36.801 KG
                  86.161 LBS
A.V.Q. CADO   9000
                  5.73"

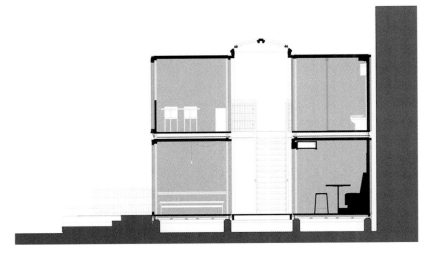

入口处立面图

Public Container Architecture

公共集装箱建筑

集装箱建筑的空间考量

尽管它们的常规性质很平常，但是海运集装箱依然从物流世界中的经久耐用的工具转变成为基础建筑构件，集装箱建筑如雨后春笋般出现，覆盖各种建筑风格和建筑类型。它在公共建筑领域里的成功源自于它的全球认知度，它对于任何人来说都是可识别并且具有吸引力的。除此之外，将它作为建筑材料使用，或者说是再利用，代表了一种可持续发展的观点，而当它被使用于公共场所时，它下意识地传达着这些空间的建造者和使用者所承担的社会责任。

因为集装箱的尺寸大小和它们作为结构是以独立的单元来呈现的，它们既可以用作房屋空间，也可以用来划分房屋内部的空间。此外，它们可以用来当作建筑物的基础，也可以作为表达这栋建筑物的一部分。这是因为它们可以和各种其他建筑材料联合在一起使用，建筑师通常来说不能塑造的空间和场所，通过使用集装箱的简单的矩形形态都可以做到。

集装箱移动方便的特性意味着现场施工时间可以大为缩短，同时也允许它们构筑长期的或临时的建筑。对于公共场所来说，这种特性使其成为一种理想的建筑材料，因为它们既可以满足临时需求，也可以几乎在一夜之间把空间进行改造，且对其他常规的设施没有什么影响。

集装箱在全球的可获取性也使其成为真正意义上的通用建筑材料。当利用集装箱进行设计的时候，"跳脱框架思考"这句谚语真是再对不过了，因为全世界各地使用集装箱的方法大为不同，而且似乎每天都有新的方法产生。集装箱所含有的生态友好和耐用的特性，也使其成为公共场所的理想建筑材料。

麦克·拉斯曼（Mike Rassmann）
Architects Of Justice 总监和首席建筑师

麦克·拉斯曼出生并成长在南非约翰内斯堡，并于 2004 年在威特沃特斯兰德大学完成其建筑学课程。2009 年麦克和库巴·菈尼茨基以及阿莱西奥·菈考维哥共同创办了 Architects Of Justice 事务所。当麦克在 Leslie Pon Architects 和 Giannini Loizos Architects 工作时，他完成了许多管理课程以及物权法方面的学习。这些课程内容使他对建筑行业有了更为深刻的理解，为之后创办工作室打下了基础。现在，他所在的工作室已经完成了众多令客户满意的设计作品，并且获得了行业内的认可。

代谢派未来都市展户外装置

01 / 集装箱开放空间处的树墙
02 / 从街道处看到的集装箱南侧立面

设计师为 2013 年在台北中山创意基地举办的代谢派未来都市展,设计建造了这个临时建筑。它呈现出该展览的代谢概念,不单为参观者,也为路上来往的行人带来了欢乐。放置树木景观的单元里虽然只栽种了 3 棵树,但是安装在集装箱两侧的镜子产生的反射使它们看起来像是一大排树。露台单元中有一些长方体的盒子,通过像拉抽屉那样改变它们的排列,可以出现阶梯式座位。

代谢派未来都市展的户外装置取材于一个单元系统——"Wherever Green",它是一个可以瞬间把任何场所变成购物休闲广场的单元装置群。它的主要功能是在一个沉寂的区域——停车场、冷清的工业用地或是建筑的屋顶——种下一颗活力的种子。它包含一个游戏设施、景观区域、阶梯状座位、滑板运动使用的半管、售票厅,以及每个单元侧面的攀岩墙。通过循环利用海运集装箱,整个装置的运输负担被缩减到最小。一直以来,由于集装箱成本过低,它在很多地方已经供给过剩,而对这样的地方来说,拓展集装箱的新用途可以有效增加它的循环利用率,这是一个重要的贡献。

"代谢派未来都市"是日本的建筑神话。它可以被视为应对"容积"不足的技术和理想上的回应。然而,在人口开始出现负增长之后,生活在日本的人们再次触及这个主题,他们意外地发现,他们已经有了一个可行的方法。设计师继承了代谢派概念的精神动力及其修正后的形式,以及临时性和即时性,他相信"Wherever Green"是一个使社会收缩时期产生的"空白"地区重新活跃起来的战略的一个小小宣言。

项目地点:中国台湾台北 / **项目面积:**72 平方米 / **竣工时间:**2013 年 / **设计公司:**吉村靖孝建筑设计事务所 / **摄影:**吉村靖孝 / **客户:**忠泰建筑文化艺术基金会

N

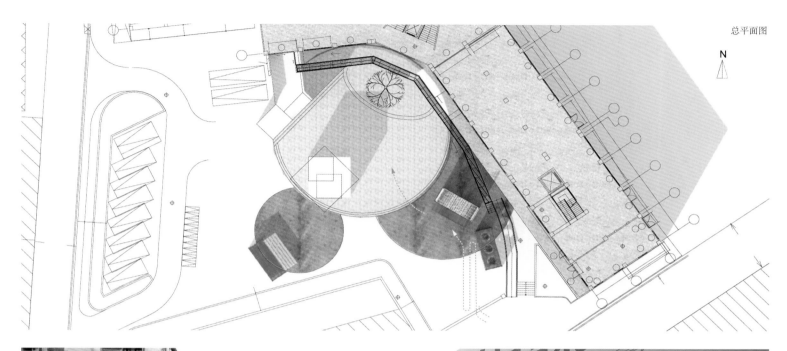

02

03 / 集装箱装置正面图
04 / 绿色是该建筑的主体色
05 / 屋顶上有 3 个圆形的洞，让光照和雨水可以渗入地表

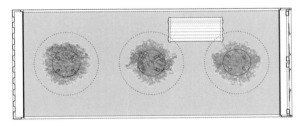

平面图

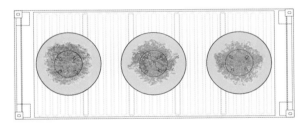

屋顶平面图

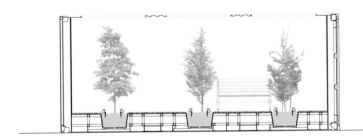

长剖面图

横截面图

The Mosquito
公共集装箱

01

01 / 位于奥斯陆港口的集装箱建筑

The Mosquito 是一个简单实用的房子，能够适应任何地形。这个由集装箱组成的房子，包含现代生活必备的各种功能——卫生间、厨房、卧室、客厅和衣帽间。通过使用煤气和太阳能板，以及房子里安装的水循环装置，这个建筑能够做到自给自足。这个建筑由一个 16 平方米的屋顶平台、3 个阳台和 1 个 21 平方米的能为使用者提供 360°视角和全天光照的钢架观景台组成。它还能存放水箱和煤气罐等设备。建筑主体可以被包裹在一个隔热的外衣中。施工人员可以把它的部件全部拆下，把两个集装箱运走，再在新地点重新组装起来。把建筑物的门关上，它看起来就和普通的集装箱一样，可以用船、火车或汽车运到世界的任何角落。它和地表的接触只有 4 个简单的支架及底座。它的楼梯是用铰链装在建筑主体上的，以适应各种地形。这个集装箱建筑最早在 1995 年作为建筑师的私人住宅被设计出来。但是充满疑惑的银行没有同意设计师的贷款申请，因为这个建筑物中的厨房和卫生间挨得太近，客厅过于狭窄，还有决定性的问题：它的地基没有与地面充分连接在一起。银行担心它被盗窃的风险太高了。

项目地点：挪威 / **项目面积：**62 平方米 / **竣工时间：**2015 年 / **设计公司：**MMW 建筑事务所 / **摄影：**尼尔斯 · 彼得 · 达勒 / **客户：**奥斯陆市政府

The Mosquito 代表挪威参加了 1999 年春在芝加哥举办的北欧设计展。2000 年, 银行担心的事情还是发生了。这个建筑被偷走了。它被从一家钢铁厂的后院偷走了, 这家钢铁厂收到委托制造 10 个和它一样的仿制品, 但在这个过程中, 这家工厂破产了。受雇的私家侦探调查之后发现一个摩托车暴力团伙抢走了 The Mosquito, 把它带回了他们的俱乐部。警察介入此事后, 设计师也参与进来, 要求他们将其归还。房子的各个部分都被追回, 但是它被严重损坏了, 外衣已经破烂不堪。它被储存在德拉门港的一间仓库中好几年, 直到某个晴朗的日子, 奥斯陆一家有名的爵士俱乐部的老板想在新建的比约维卡港把它重建。他想组装一个新的夏日餐厅和舞台。不幸的是这家俱乐部也破产了。

2010 年— 2011 年, 奥斯陆规划建筑管理局在这个房子里举办了他们的夏季展览——"亲爱的奥斯陆！", 奥斯陆的所有游客和当地居民都可以来参观。2015 年, 奥斯陆规划建筑管理局把这个临时展馆移到著名的奥斯陆海滨长廊, 成为其中的一部分。现在, 橙色的 The Mosquito 是距位于奥斯陆港中部的歌剧院最近的建筑物, 并闪耀着它自身的光辉。

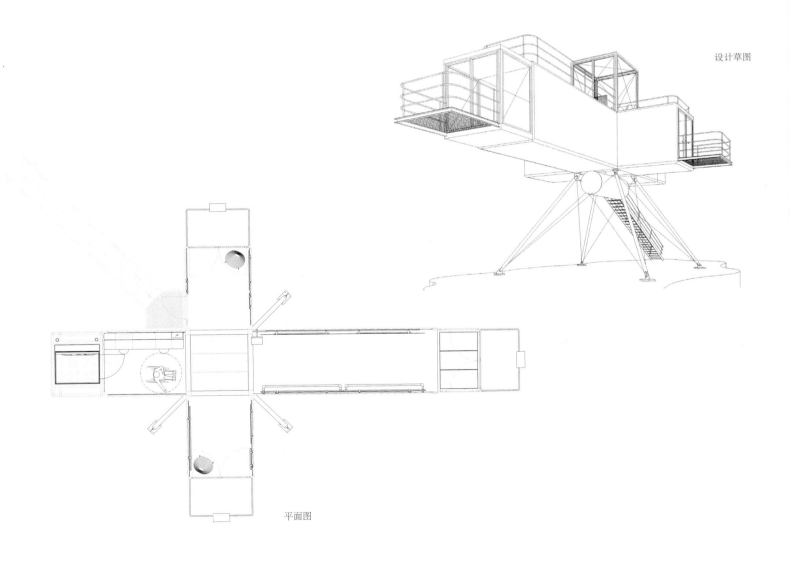

设计草图

平面图

02 / Fhiltex 被安放在挪威莫斯
03 / Fhiltex 的正面图
04 / 位于奥斯陆的该建筑被命名为 Havnepromenaden
05 / 该建筑邻近奥斯陆歌剧院
06 / 建筑内部空间多由玻璃隔开，视野较为开阔

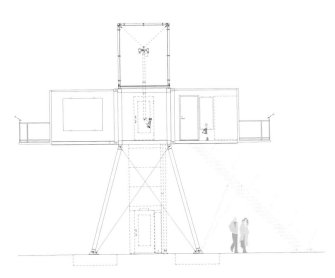

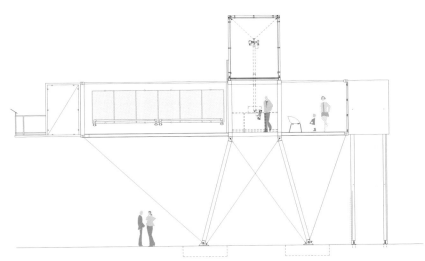

剖面图

07 / Fhiltex 的安装被作为奥斯陆港口建设计划的一部分
08 / 政府鼓励居民在该建筑附近从事体育活动

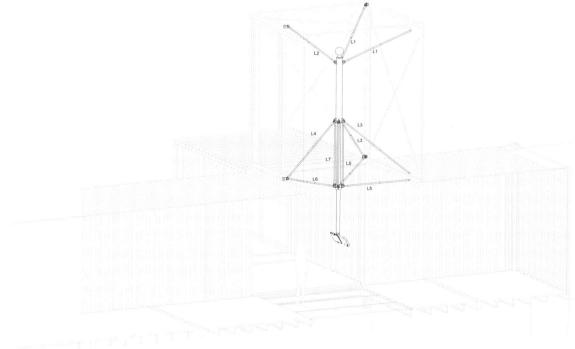

潜望镜

巴讷费尔德北火车站

01 / 巴讷费尔德北火车站全景图
02 / 车站里的小商店

负责荷兰铁路网的荷兰国家铁路基础设施管理局和荷兰国家铁路建筑监事司为使旅客能够更舒适地等车，共同发起一项"愉快候车"的活动。

旅客觉得在车站候车的时间比在交通工具中候车的时间要长得多。调查显示，旅客感受到的等车时间是实际时间的 4 倍。在这方面，中小型车站尤其面对重大的挑战。小型车站大多人烟稀少、与世隔绝，容易令人产生不安全的感觉。

令"愉快候车"获得成功的一个关键因素是让旅客经常能感觉到车展里有人，以创造非正式的监管。设计的其中一个目标是尽量建造一些多功能的小店。荷兰沃尔弗哈开设了一家花店，这家店不单卖花，也卖咖啡，还负责清洁公共卫生间。巴讷费尔德北有一家由残疾人经营的自行车维修店。这些小店有利于车站维护，有效避免破窗效应。

项目地点: 荷兰巴讷费尔德 / **项目面积:** 80平方米 / **竣工时间:** 2013年 / **设计公司:** NL Architects 事务所 / **摄影:** 安德里亚斯·塞奇，马塞尔·范·德·布尔格 / **客户:** 巴讷费尔德北车站

因为这个车站是临时建筑物，所以设计师选择使用海运集装箱来搭建它。这些集装箱不仅包含空间，也创造空间。设计师用它们组成一个简洁的布局，形成一个模糊却强烈的符号，产生最小投入、最大产出的效果。"悬浮"在空中的 3 个集装箱，共同组成了屋顶。其中一个集装箱内置设施；另一个用于存储物品；第三个则被拆除底部，形成封闭但全透明的候车区的头上空间，并为这个空间创建出两倍高的空间；第四个集装箱被竖立起来，形成一个高塔，塔顶有一个时钟和一个风向标。

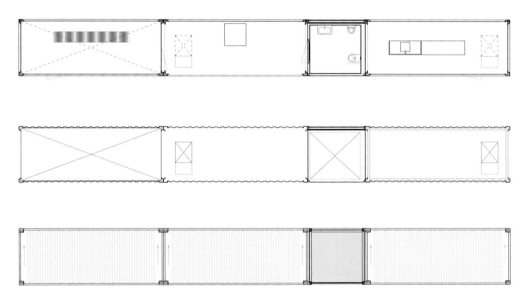

水平剖面图

03 / 巴讷费尔德北火车站后视图
04 / 建筑物的顶部"鸡"形标志是一个典型的风向标
05 / 候车乘客可以在小商店门前休息

东立面图

剖面图

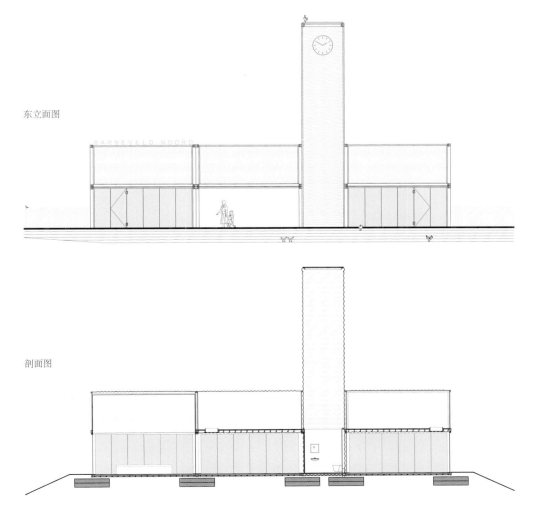

06 / 洗手间
07-08 / 候车室
09 / 车站夜景

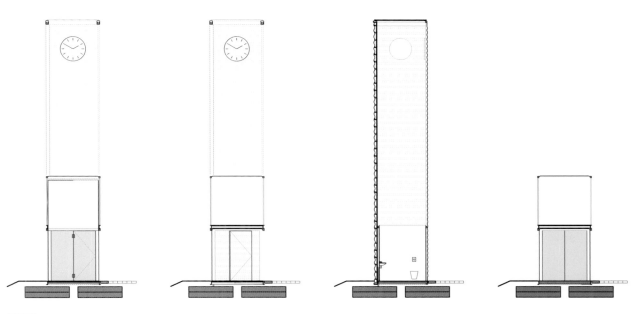

剖面图

土耳其集装箱高新科技园

01

01 / 从内院观看到的建筑全貌
02 / 由建筑物围成的小庭院

iDE 艾杰高新科技园意识到 21 世纪教育、调研和工业之间新的生产关系，他们请 ATÖLYE Labs 事务所在土耳其西部繁华大都会伊兹密尔市中心的新兴科技园里设计一座促进跨学科交流合作的公共设施。

设计师接下这个项目，回收使用了 35 个二手海运集装箱，在校园里打造了一个崭新的充满活力的研究交流中心，它对伊兹密尔艾杰大学和整个爱琴海地区的人才散发着强烈的吸引力。

土耳其的独立研发机构和专注于生物技术、能源、材料以及软件研究的跨国公司将入驻这个占地面积 1000 平方米的科技园。这个项目搭配处于战略性目的选址的"催化剂"项目，一同增加了该社区所有成员间的互动合作潜力。

这个项目之所以非常独特，不只因为其调研、设计和施工过程的快捷（整个项目要在仅仅 9 个月内完工），还因为这个项目的概况、选址以及流程都是由设计团队独立开发完成的。此外，其有针对性、关注生态且具有前瞻性的设计原则也有助于为土耳其及其他国家类似机构创立一个范式。

项目地点：土耳其伊兹密尔艾杰大学高新科技园 / **项目面积**：1000 平方米 / **竣工时间**：2015 年 / **设计公司**：ATÖLYE Labs 事务所 / **摄影**：Yerçekim 建筑摄影公司 / **客户**：iDE 艾杰高新科技园

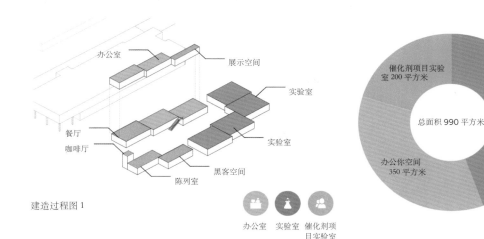

办公室　展示空间
实验室
餐厅　实验室
咖啡厅
黑客空间
陈列室

建造过程图1

办公室　实验室　催化剂项目实验室

催化剂项目实验室 200 平方米
实验室 440 平方米
总面积 990 平方米
办公你空间 350 平方米

该项目始于一个发现：广阔的大学校园当中有一个被建筑废墟覆盖的场地。设计师团队通过回收使用从12千米以外的伊兹密尔港运来的二手海运集装箱，把一个未被充分利用的土地进行了升级改造。

调查选址、太阳朝向、园内现有的路线、风向、树荫区域和过去的建筑的轮廓，设计师利用这些元素建立起一个有意义且财政上可行的计划，他们也考虑到了空间安排以及最后畅通的循环路径。设计师绘制的有关潜在使用者交流模式的故事版，能够有效传达出促进艺术、设计和技术之间交流的"催化剂项目"的重要性。与此同时，垂直的"灯塔"集装箱、室内庭院、狭窄的交叉循环走廊以及充足的座位使这些空间既能提供观看风景和休息的场地，也能创造偶遇。

该实验项目很好的促进了科技园区之内不同部门之间的合作及协调性

02

除了大量使用回收和再利用材料，这个项目还展示了生态策略广阔的使用空间。设计师们把这些集装箱模块尽可能地按照南北朝向排列，使被动式太阳能装置和自然通风的功效达到最大。

现有的树木、优化设计的遮阳装置、太阳能镀膜的南侧窗户、厚隔热板、节能空调、软木等天然材料以及 LED 照明系统，这些全都有助于把建筑物对环境的影响降至最小。

建造过程图 2

建筑物拆除之后的废墟

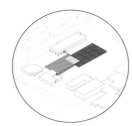
在现有条件下建造新建筑

将集装箱堆叠起来去创建建筑主框架

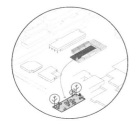
工作环境

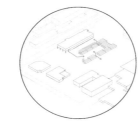
钻出气孔保持空气流通

建筑原型

考虑到核壳结构最大的长期优势是它的适应力和应变力,设计师们在这个项目上着重应用多种技术细节,比如裸露的梁柱、可见的电线槽、充足的插头、高效的通风系统、局部可控的供暖和冷却系统以及配套的子结构,它们都将在未来有必要把整个建筑拆分为独立建筑时大显身手。所有这些系统都有利于随时调整空间架构。

设计师通过在整个场所各处放置互动催化剂、设计可动布局和模块家具、把集装箱表面的各个部分想象成画家可以作画的画布,还有为简单的搭建和拆迁做出特殊设计等各种办法,把这个项目变成一种模型,使其为伊兹密尔及其他地区的人才社区提供启发。

03 / 园区内的铺装路面
04 / 东北方向视图

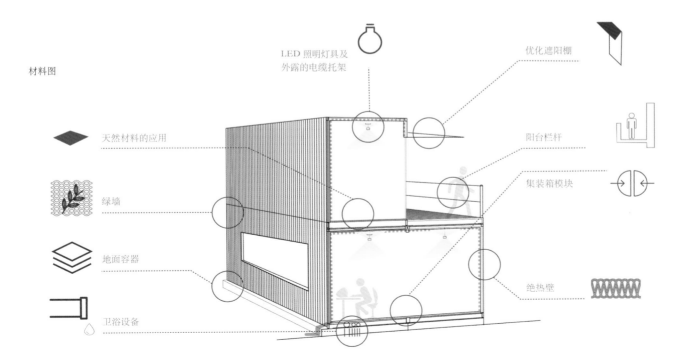

材料图

天然材料的应用

绿墙

地面容器

卫浴设备

LED 照明灯具及
外露的电缆托架

优化遮阳棚

阳台栏杆

集装箱模块

绝热壁

05-06 / 明亮的室内空间
07 / 露天景观

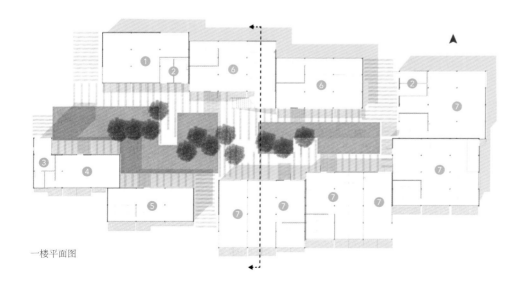

① 餐厅
② 洗手间
③ 咖啡厅
④ 陈列室
⑤ 黑客空间
⑥ 办公室
⑦ 实验室

一楼平面图

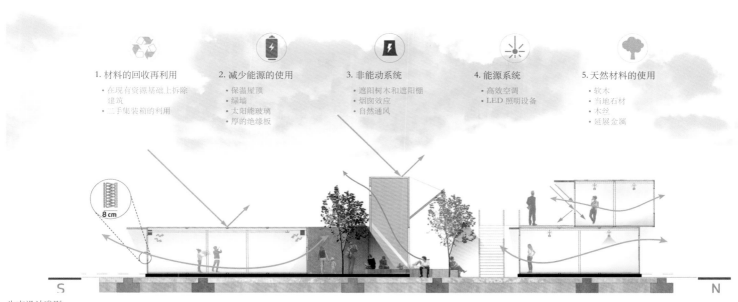

1. 材料的回收再利用
- 在现有资源基础上拆除建筑
- 二手集装箱的利用

2. 减少能源的使用
- 保温屋顶
- 绿墙
- 太阳能玻璃
- 厚的绝缘板

3. 非能动系统
- 遮阳树木和遮阳棚
- 烟囱效应
- 自然通风

4. 能源系统
- 高效空调
- LED 照明设备

5. 天然材料的使用
- 软木
- 当地石材
- 木丝
- 延展金属

生态设计准则

印度南极研究基地

01 / 基地全景图
02 / 基地鸟瞰图

印度极地考察站的规划方案主要在汉堡进行，与印度果阿的客户一起召开的协调会议则每两个月进行一次。2010-2011 冬季，极地考察站的基础设施建设开始施工，其内部包含直升机停机坪、管道和煤油罐等。考察站的主结构则在 2011-2012 年冬季进行组装。该研究基地位于南极东北部拉斯曼山区域的一个半岛上。极端的气候条件和有限的交通手段要求设计师用一种特殊的建筑方法来应对目前的环境条件。其核心包括：冗余度、稳定性和移动性。鉴于该地区交通受限，且受到南极公约的约束，基地必须完全自给自足，并用可以完全拆除的方式来建造。

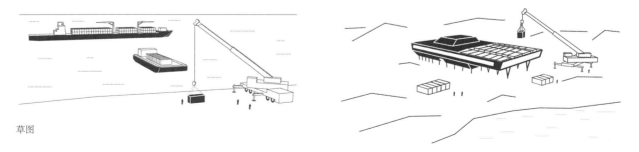

草图

项目地点：南极洲 / **项目面积：**2500 平方米 / **竣工时间：**2013 年 / **设计公司：**BOF 建筑公司，汉堡 IMS 工程设计公司 / **摄影：**BOF 建筑公司，印度国家南极与海洋研究中心 / **客户：**印度国家南极与海洋研究中心

该建筑配有一个自给自足的能源、供暖制冷系统和独立的淡水处理系统。热电联产机组为基地提供能源，其产生的余热足够为整个基地供暖。热电联产机组和其他以人类生活为目的存在的建筑元素都需要备用组件，以便在一个组件出故障时，其他组件可以正常运转。

整栋建筑由 134 个标准海运集装箱组成，这些集装箱不仅分隔出个人空间，也为建筑提供了结构系统。高度移动性和灵活性的设计结合集装箱这种建筑材料，使建材运输更为便捷，并极大地缩短了组装时间。建筑的功能被明晰地构建和组织起来。建筑内的单人房间和双人房间总共有 24 个，它们和厨房、餐厅、图书馆、健身房、操作室以及办公室还有休息厅一起，全都位于建筑物的二层。实验室、贮藏室、技术空间、热电联机以及包含一个工作间的车库则位于下面一层。第三层布置有空调系统和被用来进行多种科学实验的阳台。

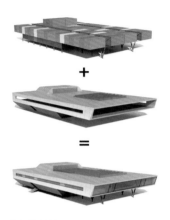

规划构思图

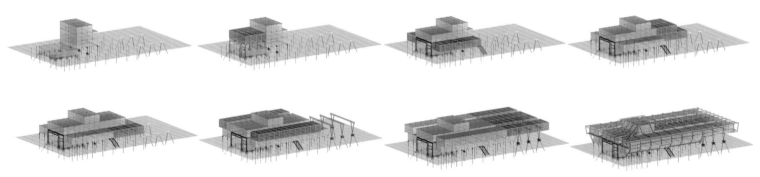

建造步骤图

南极洲自然条件严酷,不仅气候极其寒冷,风力也极大,因此,整个建筑都被一种由金属板制成的保温、符合空气动力学的表皮包裹起来。这种表面形态经过风管测试,为应对严寒天气专门进行过优化设计。设计师们设计这个项目的基本目标是使建筑物周围尽可能不产生雪堆,以免建筑物被雪埋住。另外,建筑表面负载的风力影响也要降到最小。考察站的两侧装有大面积的玻璃窗,人们在餐厅和休息厅里能看见窗外冰原与海洋的美丽全景。考察站内部以木质材料为主,并运用多种色彩和充足的日光,为在此工作生活的科研人员创造一个舒适的工作环境和高质量的生活环境。这个考察站在夏季最多可以容纳 47 名科研人员,冬季则是 24 名。

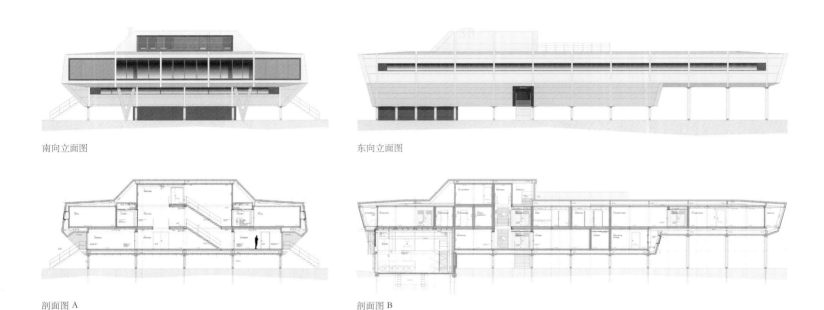

南向立面图

东向立面图

剖面图 A

剖面图 B

03

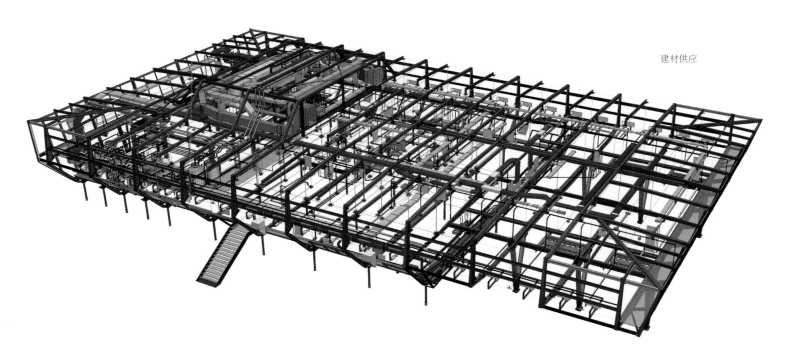

建材供应

03 / 晴空下的基地
04 / 基地鸟瞰图

05 / 东南视图
06 / 西侧视图
07 / 内部休息室

二楼平面图

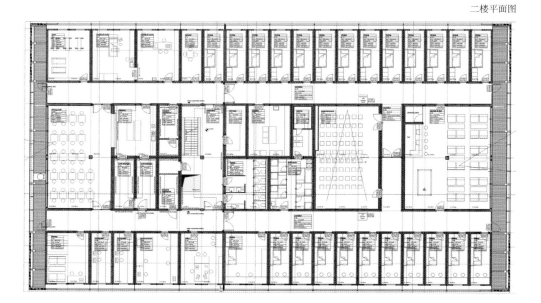

一楼平面图

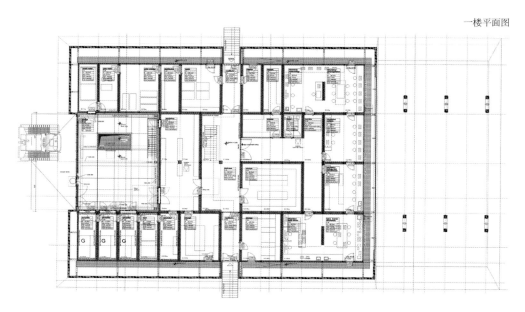

KontenerART 2015
集装箱艺术城

项目地点：波兰波兹南 / **项目面积**：700 平方米 / **竣工时间**：2015 年 / **设计公司**：亚当·维尔亲斯基建筑事务所 / **摄影**：Przemyslaw Turlej / **客户**：kontenerART

每到五月初，新一年度的试验项目 kontenerART 便拉开帷幕。该项目为协会、基金会和独立艺术家提供用集装箱搭建的小型独立工作间。他们可以一直免费使用到八月末。

2015 年是 kontenerART 举办的第七年。来自亚当·维尔亲斯基建筑事务所的设计师们以简化空间为该年度的设计主题。今年，设计师们没有设计若干独栋的工作间，而是修建了一个大规模的建筑，把整个区域包围其中。去年留下的酒吧和卡戈画廊成为新布局的基础。其他集装箱作为音乐工坊、Aktywator 办公室、场景、食物、卫生间和仓库，以 90°角紧挨着酒吧和画廊，形成一个"U"形的建筑。这些彼此挨在一起的模块，使设计师有了只在北面和南面的立面上涂上明亮的橙色的想法。通过这种做法，设计师把入口标记出来，并且使建筑本身在城市景观中脱颖而出。把集装箱布局在整个场地的其中一侧，能够扩大"艺术城"的内部空间，为中央区域——沙滩和躺椅，由不同高度的货板围着一棵树组成的岛状区——留出了空间。

kontenerART 邻近河流，所以设计师们在屋顶上设计了一个露台和一间巴卡第酒吧，人们可以在这里尽情欣赏河流和城市的风景。整座巨型集装箱建筑由轻型集装箱框架和白色帆布组成。kontenerART 总是以环保为第一要务，这也是为什么今年设计师们在屋顶上安装太阳能收集器为音乐工坊提供电力，布置绿色植物墙为酒吧和餐饮业务提供新鲜的草本植物。

01 / 建筑主入口
02 / 建筑南立面及第二个入口
03 / 鸟瞰图

04 / 从自行车道处看到的建筑外观
05 / 入口
06 / 音乐工作室 / 庭院

① 卫生间
② 酒吧
③ 舞台布景
④ 食品区
⑤ 百加得酒吧
⑥ 艺术工作室
⑦ 音乐工作室
⑧ 画廊

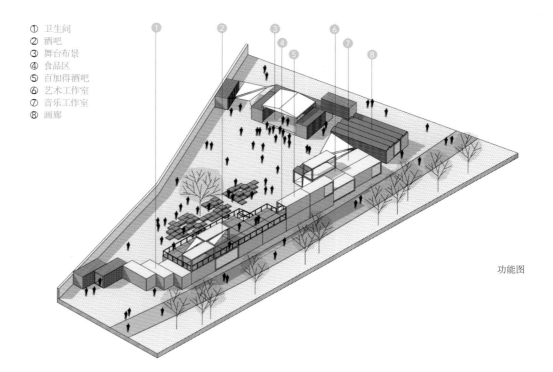

功能图

07 / 厕所的外墙壁种满了绿植
08 / 露台酒吧
09 / 从露台看到的演出区
10 / 沙场座位区
11 / 艺术画廊

种子图书馆

01 / 色彩明快，造型别致的集装箱图书馆
02 / 从人工草坪看到的图书馆全貌

根据南非国家教育基础设施管理系统的数据显示，在 2010 年，南非只有 7.23% 的公立学校有可供使用的图书馆。The MAL Foundation 委托 Architects Of Justice (AOJ) 设计一个全国通用的图书馆标准样板。AOJ 接受了这个委托，他们在调研过程中发现大部分图书馆都是平淡而缺乏想象力的 "图书的监狱"。AOJ 为他们与其截然相反的设计找到了一个实践的机会。SEED（补充扩展教育设施）位于约翰内斯堡贫困镇亚历山德拉的 MC 韦勒小学。他们设计了一个由两个废弃的海运集装箱构成的建筑，该建筑是创建令人兴奋的刺激场所的实例，它不单保存知识，还通过运用色彩、形状、光线、室外场地以及想象力和创造力的空间，让使用者在来访后产生备受鼓舞的心灵体验。

项目地点：南非亚历山德拉 / **项目面积：**145 平方米 / **竣工时间：**2011 年 / **设计公司：**Architects Of Justice / **摄影：**安德鲁·罗亚尔 / **客户：**The MAL Foundation

东向立面图

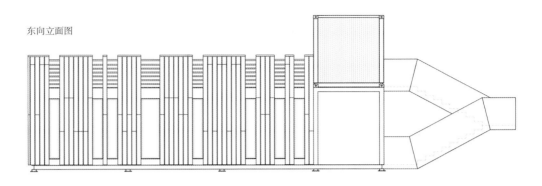

图书馆的位置对于该项目的成功来说至关重要。设计师把它建在靠近学校入口处的地方,使它能够向外界展示其自身在校园里的重要性,提升在校学生的自豪感。它同时也靠近学校的行政楼,这使得孩子们在使用该设施时,能够得到教师的监督与保护。学校组织集会或演出时,这个图书馆还可以充当学校操场的补充空间。

海运集装箱等可供使用的建筑材料多年来一直吸引着建筑师们的兴趣。而这个项目加深了设计师对使用集装箱的认识(预装部件符合该地有限的条件)。这种把孩子们和海运集装箱融合到一处的方法,成为一个完美的人体工学设计。

设计师们把集装箱以"十"字形叠放在一起,并用一个好玩儿的钢制楼梯将两层连接在一起。两个集装箱的朝向提高了建筑内外部空间,以及这些空间的阴影的使用率。它增加了孩子们在一天中的不同时间使用这个设施的舒适度,也提供了视觉上的趣味性。设计师们还为了设施的采光、自然通风以及由被动式供暖制冷设备辅助的隔热层,对集装箱侧壁进行了改造,以确保这个新的设施不会为学校已经很紧张的资源再增加负担。

简化的建造过程图

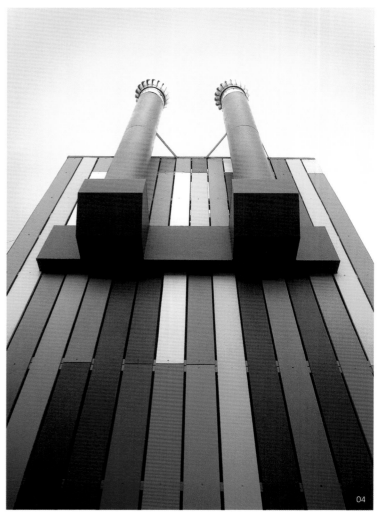

03 / 颇具创意性的设计在原建筑的基础上为整个学校增添
了色彩
04 / 集装箱表面色彩艳丽的保温板
05 / 彩色的书架上摆满了各类书籍
06 / 温馨舒适的书籍阅读区

① 入口
② 门厅
③ 图书馆
④ 图书管理室
⑤ 储藏室
⑥ 秋千
⑦ 甲板
⑧ 楼梯
⑨ 学习空间
⑩ 室外阅读空间
⑪ 阳台

一楼平面图　　　　　　　　　　　　　　二楼平面图

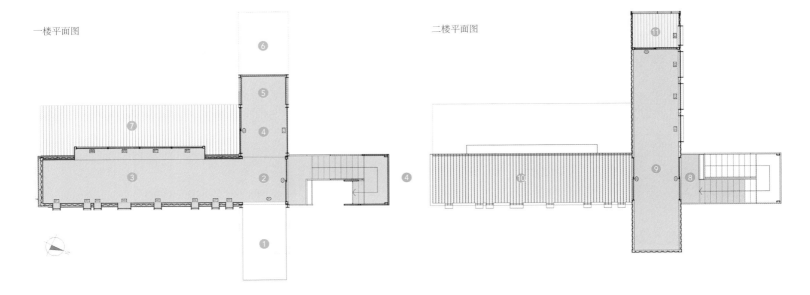

上海顾村社区中心

01

由马特·米勒设计的上海顾村社区中心，是为上海的社会边缘人群所做的，对创建一个经济适用、可移动、可扩展、高度灵活的社区中心的尝试。

因为海运集装箱社区中心的修建需要满足多种不同功能的需求，从早期儿童教育，到成年人的工作，再到社区集会空间，所以其室内设计需要具备高度的灵活性。4个海运集装箱共同组成一个大教室，它可以由一个滑动墙板分隔成两个房间。墙板和橱柜上配有白板，所以它们也可以在教学中被当作书写板使用。3个稍小的区域为小型图书室、安静的娱乐区、计算机室和学生作品展示区提供了空间。

教室的家具也具备空间灵活性，如果要在此举办聚会，它们可以被简单存放起来，腾出空间。它们还能被摆放成不同的布局，以供孩子或成年人使用。

集装箱的门被完好无损地保留下来，只在门上钻一些小孔。这些门在冬天时被打开，以便最大限度地吸收热量，而在夏天，它们则被关闭以保持教室的凉爽。在阳光明媚的日子，门上的小孔可以使被过滤的光线投射到室内的地板上。天气好的时候，人们可以拉开大型滑动门，把教室和户外空间连接在一起。

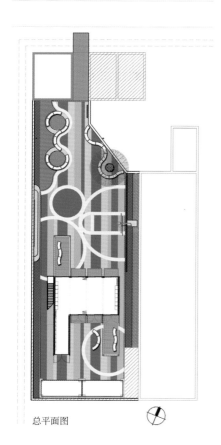

总平面图

项目地点：中国上海顾村 / 项目面积：150 平方米 / 竣工时间：2013 年 / 设计公司：马特·米勒 / 摄影：珍妮弗·哈，马可·雅各布斯室外的景观设计旨在鼓励创造性参与和满足对多种功能的需求。曲线形景观长椅可以被组合成有雕塑感的波浪形或环形，它们重量轻，便于移动，可以依据户外教学、社区活动和员工聚会等不同活动自由组合。整个空间都铺上了彩色的橡胶儿童安全地垫，办公区前还设有一个小型的花园，家长可以在孩子们玩耍或上课时，坐在一旁。整个项目没有任何浪费，连集装箱内部多余的金属材料都被用来制成景观安全围栏，把社区中心围绕其中。

这个项目的各个方面，都是为打工人口子女及其家庭能有一个安全、可持续和有尊严的空间而设计的。设计师相信好的设计能够为这些条件简陋的社区创造一个不同的世界。

01 / 从入口处看到的社区中心全貌
02 / 小花园内的可移动式座椅

03 / 社区中心完整视图
04 / 冬天可以将建筑南立面的门打开接受光照以取暖，
　　　夏季关上这扇门则可以隔离热流
05 / 从二楼看到的操场
06 / 明亮的室内教学空间

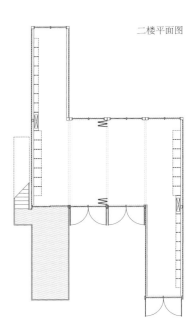

二楼平面图

05

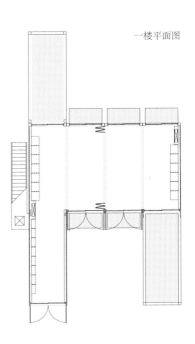

一楼平面图

06

奥斯陆海港散步道
集装箱装置

01

01 / 老港口附近的 06 号集装箱
02 / 市政厅前面的集装箱上画着 20 世纪 60 年代的插画

2010 年，奥斯陆港口、奥斯陆文化遗产管理办公室、奥斯陆市的城市环境机构、规划和建设服务、房地产与城市更新和文化事务管理机构等多家单位进行了一次跨界合作，他们通力合作，沿着奥斯陆港修建一条长长的木板路。

Bjørbekk & Lindheim、GRID、Halogen 以及 MMW 等几家公司共同赢得了 2014 年的海港临时散步道设计竞赛的优胜这个项目后来发展成围绕奥斯陆新海滨区的项目，为这个地区创造了更高的认知度，并宣传了这条九千米长的通道。海港散步道展示了被称为"峡湾城市"的城市开发项目的质量和潜力，也突出了发生在奥斯陆滨海区的一系列活动。这些针对奥斯陆的居民和游客的信息，通过挪威语和英语两个版本的地图、照片和文字来进行宣传。沿着这条散步道，人们可以了解有关奥斯陆的近期历史，也可以坐在那些新设置的长椅上休息。海港散步道的两端与国家沿海公路相连，它还穿过了公园、绿化区域，以及奥斯陆市内的步行道。

项目地点：挪威奥斯陆 / **竣工时间**：2014 年 / **设计公司**：MMW 建筑事务所 / **摄影**：尼尔斯·彼得·达勒 / **客户**：奥斯陆市政府、城市环境机构、规划和建设服务、旧区改造与房地产开发、文化局、文化遗产管理办公室和奥斯陆港口

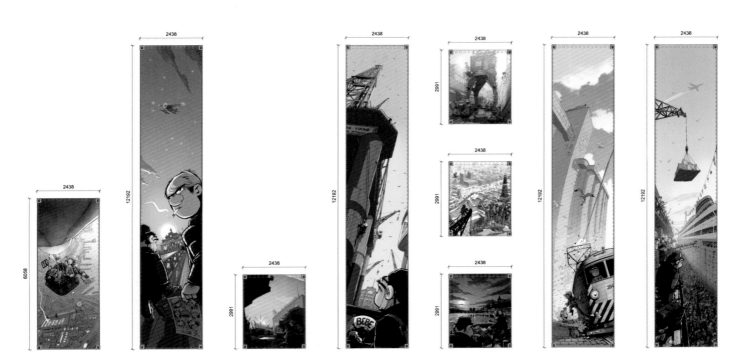

14 个集装箱建筑被安置在这些部分利用现有的地面,部分用土工布和沙子建成的广场上,这些场地当中,有一些地方依旧保留着原来的沥青和混凝土,另外一些地方铺了新的沥青,并在周围栽种了新的草坪。它们分布在整个散步道上,地上和与眼睛处于同一高度的地方都绘有标志。游客如果想一边晒太阳一边观赏周围的风景,可以在安装有橙色金属扶手和松木座椅的长椅上休息,这些长椅与码头周围现存的设备和装置相互映衬,相得益彰,它们也为设计师提供了表现的舞台,因为散步道本身没有太多可以让人发挥的空间。设计师们还在 2016 年在散步道的主要位置上构建了太阳能照明系统。

03 / 坐落在奥斯陆海滩上的集装箱建筑
04 / 人们可以在木板路上休息，而不再需要座椅

因为散步道是临时项目，所以对如何处理废弃物和选择材料的谨慎性的要求就变得严格起来。而设计师本身也为自己设立了"预循环"的目标，即他们总是选择使用之后依然可以被用于其原本用途的建筑材料。预循环与循环利用的区别就是，这种方式不需要寻找将其回收利用的方法，因为它尚有其原始用途。而为了避免会产生浪费和破坏箱体的布线和建造地基等施工作业，设计师们计划用沙子当作压载物，把集装箱装满。基于这样的想法，海港散步道"借"来了集装箱，只要这些集装箱在项目存续期间没有损坏，或是其质量没有变差，那么随后它们依然可以在海运当中被使用。

05 / 坐落在码头旁的 02 号集装箱
06 / 地处公园旁的 04 号集装箱

集装箱表面上的插画 10-14

多功能学生专用建筑

01 / HUB 01 建筑的外部墙壁上种满了绿色植被
02 / HUB 01 建筑正面图

HUB 01 是一个移动式建筑，它的概念依据三条原则："移动性"、"个性化学生宿舍"和"与教育有关的设计"。学生们在 2012 年提出了这个概念。

在全球化视野下，这个想法为学生们提供了一个机会，让他们能把自己的房间移动到不同的地方，并通过"插件"系统把房间安装到中央枢纽上。科特赖克有一个这样的中央枢纽，它遵循了苹果智能手机的原则，它自身可以移动且包含一个中央厨房、一间客厅和一个浴室，而独立的房间可以通过一个简单的连接系统（被黄色滑动门隐藏起来）连接。

每个房间都有不同的概念。其中之一是"返璞归真"，设计师根据生态原则，把房身盖满植被。另一个房间根据被动式概念设计而成，它的墙壁完全被太阳能电池板包覆，屋顶上则放置了一个风力涡轮机。

项目地点：比利时科特赖克 / **项目面积：**225平方米 / **竣工时间：**2012 年 / **设计公司：**dmvA Architecten 建筑事务所，A3 Architects 建筑事务所 / **摄影：**米克·柯文伯格 / **客户：**弗兰德天主教大学

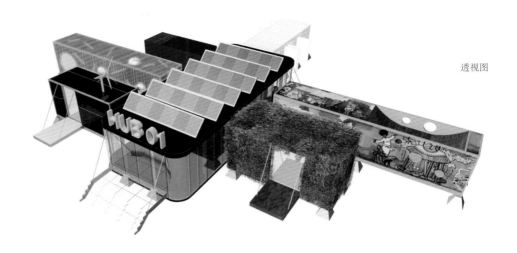

透视图

带有滑板场地的集装箱在双年展期间被安置在科特赖克，它也可以连接到中央枢纽上。
另外还有 3 个 6 平方米的简约的白色单元，每一个里面都有一张床、卫生间和工作区，
它们为那些不想被打扰的学生提供了生活和学习的场所。

这个项目展现了学习的未来、生活的未来以及教育设计的未来的一种可能。

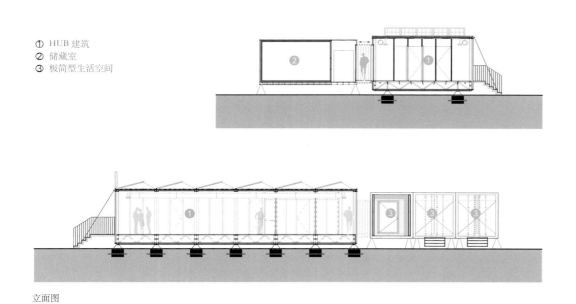

① HUB 建筑
② 储藏室
③ 极简型生活空间

立面图

03 / 街头生活单元
04 / 滑板坡道

① HUB 01 建筑
② 讨论室
③ 科技研发室
④ 存储室
⑤ 基础生活区
⑥ 街头活动娱乐区
⑦ 极简型生活空间

平面图

06

07

08

Residential Container Architecture

住宅集装箱建筑

集装箱建筑可持续发展解决方案

想要一个集装箱做成的房子，这个想法着实有些疯狂。我们必须努力改变我们对家应该是什么样子的刻板印象，转变思想，忽略传统，消除成见和偏见。我们必须从零开始，因为使用集装箱来建造房屋的概念还是比较新的。我们必须使集装箱脱离商务和海运的语境，视其为一种在空间构造方面的有用物品。通过转变我们看待它的角度，新的机会在日常实践中出现了，我们可以将其作为建筑材料使用，并赋予它们全新的生命。

在全球化的时代，建造集装箱住房成了将其回收利用的一种解决方案，也是利用这些与港口城市居民联系紧密的运输资源的一种方式。

决定必须对集装箱进行哪些调整和改造的最重要的根据是使之适合人类居住。在这一点上，一些关键问题出现了。空气怎么进入其中？我们要怎么感觉舒适？因此，我们开始不只考虑空间的特质，也要考虑我们必须用来改变空间气氛的机制。既然是这样，那么与之关系最密切的挑战便是，室内空间不应该被转变为一个对人类敌对的空间，例如在太阳的照射下，集装箱会炎热得像个烤箱，而冷天或夜晚，那里又会寒冷得没法待。只有当我们把这些问题都解决了，我们才能说我们为人类建造了一个真正的避难所。

当我们谈到材料、功能、结构等方面的正式解决方案时，会有一些涉及多个方面的影响因素：设计师的技巧、设计理念、附近及周边环境和成本预算。有些集装箱项目非常纯粹，就使用清洁后的集装箱，它还是原本的颜色，箱身上有碰撞的凹痕，没有修改也没有涂层，无论是内部还是外部，人们都能直接认出这就是一个集装箱。

作为一种需要在极端气候条件下长距离运输，且要持续使用 20 年或更长时间的运输材料，集装箱非常坚固，因此，由集装箱构成的建筑可以维持一生的时间。

集装箱对建筑师非常有吸引力。作为一种材料，集装箱有一定的地位，这也许是因为它的坚固性，也可能是因为它们原本是由金属制成的，还可能是因为将其带出其自身的环境这个创意过程。许多人都想使用这样的设计产物，但是使它们可供人类居住生活还是需要花费不少力气的。集装箱建筑的主要特征是它可以移动、组装和拆开，它们可以在其他地方被重建。

尽管我们谈论的是相同材料的特定主题，不同的设计师还是会因为各自不同的文化和他们从多年的工作经验中产生的思想体系而采取不同的方法。这使了解和学习大量案例变得非常有趣。

丹尼尔·莫雷诺·弗洛雷斯（Daniel Moreno Flores）
建筑师，设计师，艺术家

丹尼尔·莫雷诺·弗洛雷斯于 1984 年出生在法国马赛。1990—1999 年期间，他完成了厄瓜多尔裴斯泰洛齐实验基础课程。大学期间他主修建筑以及艺术设计。目前在阿根廷布宜诺斯艾利斯学习建筑学硕士课程。

印度尼西亚
城市生活集装箱

体量演示图

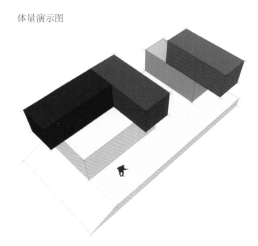

这栋房子坐落在勿加泗，雅加达周边的一个郊区。这里能容纳一对年轻的夫妇和他们的两个孩子在其中生活。基本的生活需求以外，除了为全家人提供一个居住的空间，这个房子的主人还希望在其中增加一个作为孩子们及其父母的活动空间的娱乐室。

该建筑由 4 个集装箱重叠交叉安装而成。这些集装箱被故意布置成娱乐室以便满足家庭的第二需求，这主要是因为其有限的空间和低于平均水平的热舒适度，但是实际上集装箱的屋顶上已经安装了多层附加物以降低室内温度。这包括安装栽培植物的金属网，在松木天花板上安装玻璃棉。

项目地点：印度尼西亚勿加泗 / **项目面积：**150 平方米 / **竣工时间：**2014 年 / **设计公司：**Atelier Riri / **摄影：**Teddy Yunantha

房子内部的空间都是相互连通的，这可以为住户带来更多的乐趣。房子的中间有一个将其分成两部分的巨大空隙，楼梯和坡道则能够通向房子的每一层和每个部分。设计师还在屋顶上用木板制造了额外的空间。全家人可以在清晨或下午到这里聚集，享受新鲜的空气。

为了贯彻材料回收利用的精神，建筑的全部木制结构均由使用过的松木托盘制作。集装箱框架和门之间的连接材料则使用了回收的金属板。设计师们还使用了其他减少材料消耗的办法，比如用抛光的混凝土和未涂漆的木质家具制作地板，只在砖墙上喷漆以减少水泥的使用量。屋顶花园也是邻近集装箱的扩展空间。

01 / 悬挂在外的红色建筑
02 / 该集装箱建筑与周围的建筑形成鲜明的对比

一楼平面图

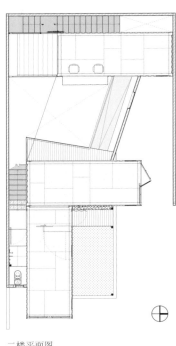

二楼平面图

03

04

03 / 一层集装箱的外部贴有白色的砖, 楼上集装箱带有通风系统
04 / 建筑物外部镶嵌了白砖和松木
05 / 客厅里的混凝土地面和集装箱墙壁使得整个空间充满了很
　　 强的工业感

左侧立面图

正面立面图

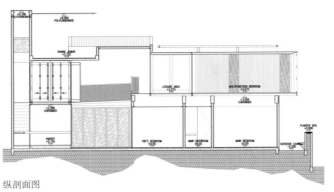

纵剖面图

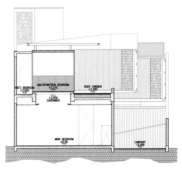

短剖面图

06

06 / 建筑的二楼生活空间，木质屋顶可以起到的作用，落
      地窗可以使空气很好地流通
07 / 屋顶覆盖着一层铁丝网，可以阻挡一部分热量
08 / 室内活动区域
09 / 位于集装箱二楼的露天花园

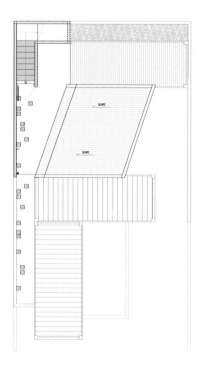

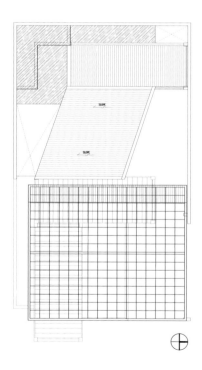

屋顶平面图   网孔种植图

07

08

09

Huiini 住宅

01 / 黄昏下的 Huiini 住宅
02 / 一层集装箱建筑

这个项目位于城市中一个僻静而又特别的地点，靠近白桃花心木森林，在这里，建筑和自然融为一体。这个房子是一个让人回归自我的地方，它的委托人是一个坚定、脚踏实地又敢想敢做的退休单身女性。她要求这个项目的设计类似堆叠的箱子，因为她不想住在有曲线或是倾斜的房子里，所以，设计师们想到了用集装箱来建设。

房子用 4 个集装箱建设，两个作为楼下，两个作为楼上，它们被稍微有些偏移地叠放在一起，创造出两个露台，一层一个。房子的总面积是 120 平方米。一楼分成客厅、厨房、浴室、洗衣间、带浴室的主卧室、露台和工具室。楼上被划分为带有步入式衣橱和浴室的客房、展示画作的走廊、工作室、露台和双层高度的起居室和餐厅。这个项目可以根据主人的心情完全打开或完全关闭。由于其位置距离市区较远，设计师在这个项目中又为来访的客人添加了另一个集装箱，它包含两个迷你工作室，每个都包含一个完整的浴室。

项目地点：墨西哥，哈利斯科 / **项目面积：**148 平方米 / **竣工时间：**2013 年 / **设计公司：**S+ diseno 建筑事务所 / **摄影：**米托·科瓦鲁维亚斯

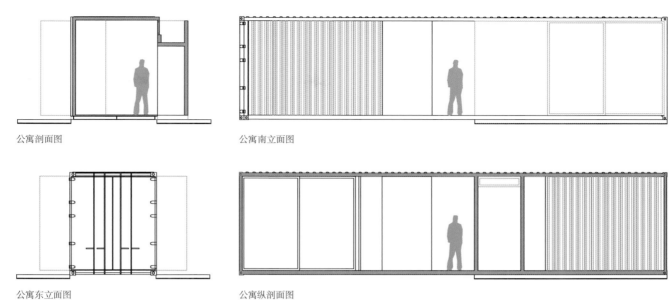

公寓剖面图

公寓南立面图

公寓东立面图

公寓纵剖面图

集装箱有很多优点，比如结构可回收利用，施工速度快，建成后如果有必要更改项目的地点也可以转移，因为这个项目是模块化的，它也可以被扩建，等等。这个项目的其中一个挑战是温度控制（在这个案例中，房子被建成南北朝向），整个内部都装有内衬的隔热层，不仅冬天可以保暖，夏季也可以使室内保持凉爽。金属总会随着温度的变化而运动，并在下雨时产生噪音。它也有被动的供暖系统，还安装了太阳能电池，用聪明的方式在这个被称为家的地方进行循环。

03 / 房子的一角
04-05 / 从不同角落看到的二楼阳台

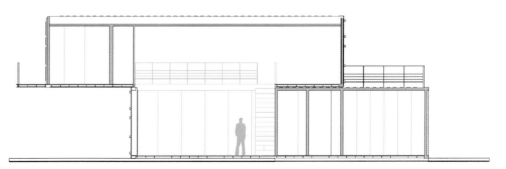

住宅纵剖面图

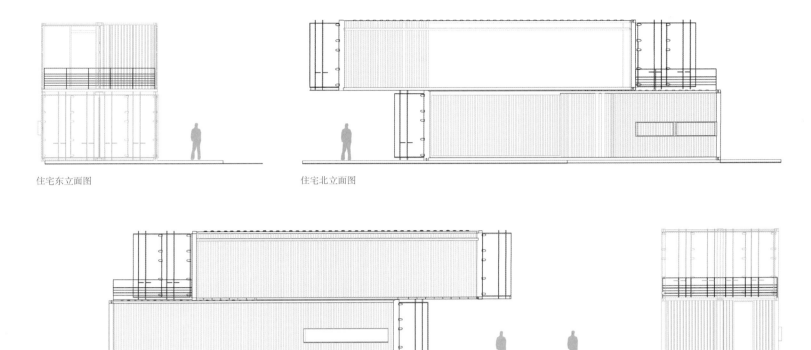

住宅东立面图

住宅北立面图

住宅南立面图

住宅西立面图

① 起居室　　　⑧ 阳台
② 餐厅　　　　⑨ 壁橱
③ 厨房　　　　⑩ 客房
④ 洗手间　　　⑪ 客用浴室
⑤ 洗衣房　　　⑫ 天台
⑥ 主浴室　　　⑬ 大厅
⑦ 主卧室　　　⑭ 书房

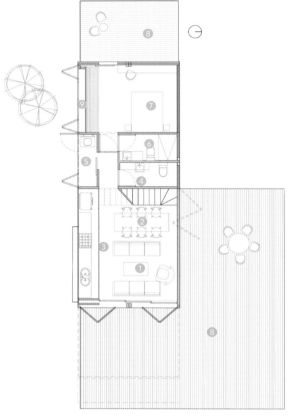

06 / 客厅和厨房
07 / 客厅正面图
08 / 客厅鸟瞰图
09 / 从窗户可看到外面的景色

一楼平面图　　　　　　　　　　　二楼平面图

09

鸭嘴兽住宅

① 入口甲板
② 电梯间
③ 起居室
④ 餐厅
⑤ 厨房
⑥ 茶水间
⑦ 套房
⑧ 更衣室
⑨ 卧室 1
⑩ 浴室
⑪ 洗衣室
⑫ 书房
⑬ 卧室 2
⑭ 卧室 3
⑮ 娱乐室

建筑平面图

项目地点：澳大利亚昆士兰 / **项目面积：**243 平方米 / **竣工时间：**2015 年 / **设计公司：**罗宾逊建筑事务所 / **摄影：**阿兰·布维耶

鸭嘴兽住宅是根据翠绿的小溪中难以捉摸的居民命名的，小溪蜿蜒穿过这片 2.33 公顷的典型澳大利亚丛林。现有的空地有一个足球场那么大，这里偶尔会在下季节性热带暴雨时引发严重的洪水。房子被钢柱托起，整个脱离地面。由此产生的悬臂式建筑为自身提供了特殊的浮力效果。这所房子完全自给自足，水被保存在雨水收集池中，太阳能电池板为房子提供电力。穿孔的钢线使宽阔的木板排成一列，创造出一种光照和反射之间的美丽的相互作用。鸭嘴兽住宅为居民提供一个现代、强大而坚定的避风港，它和包围着它的澳大利亚丛林和谐共存。

现成的的钢制框架重量很轻，可以不需要重型机械就能在工地上被组装起来。建筑被用镀铝锌板包裹，它鼓励人们去感知建筑的结构，整个底面的镀铝锌板被涂上了颜色。同样被穿孔的镀铝锌板把宽敞的甲板区域排成一列，与光质纹理一起催生出美丽甚至改变澳大利亚丛林的反射。

这所房子的特征之一是可持续发展，包括增强现有的光照和水管理。设计师将其朝向设为东北朝向，并把雨水收集起来。它还安装有废水处理系统和加热使用水的太阳能电池板。

01 / 建筑物正面图
02 / 建筑物侧视图

02

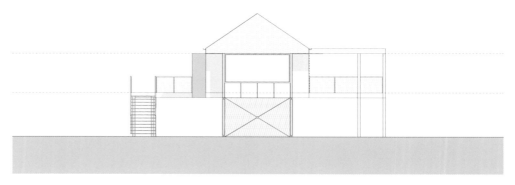

东南向立面图

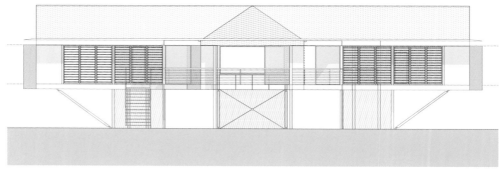

03 / 建筑物侧视图
04 / 从外部观察到的休息室
05 / 卧室外视图

东北向立面图

希望之家

01 / 建筑物全貌
02 / 建筑侧视角度

加布里埃拉·卡尔沃和马可·佩拉尔梦想在圣何塞市之外能有一个属于他们的幻想中的房子，他们可以在距离市区 20 分钟车程的地方，和他们的马一起享受自然风光。他们选择了大胆的尝试，和设计师团队探讨用集装箱建造一个能让他们过上他们理想中的生活的便宜的房子的可能性。

设计师们坚信他们这个案子能体现出当人们把关注点放在真正重要的东西上时，他们会更开心，然后创造性被用来试着以低廉的价格建造一座美观的房子。为他们提供日出、日落和壮丽的景色对设计师来说很重要，总的来说，他们要建造一座能令人们感到舒适并有家的感觉的房子。两个集装箱之间的屋顶由废弃的残片组成，金属片被用来制造窗户，它们不仅在内部创造出一种开放感，也为建筑物提供了足够的交叉通风，使其不需要使用空调。

项目地点：哥斯达黎加圣何塞 / 项目面积：100 平方米 / 竣工时间：2011 年 / 设计公司：本杰明·加西亚·萨克斯建筑事务所 / 摄影：Andrés García Lachner /
客户：佩拉尔塔家族

房子的最终成本比哥斯达黎加为穷人提供的社会住房的成本还要便宜。也许这个项目能够使以设计为工具建造低成本却美观舒适的建筑物的重要性开始进入公众的视野，利用创造力不仅仅重新赋予废弃集装箱等废物新的意义，它或许还显示了一种热带极端气候地区切实可行的温度控制被动选择的低成本建筑方法。

这个提案已经开始引起人们极大的兴趣，它可以解决发展中国家里被忽视的集装箱的一种替代性的解决办法，也可以解决首次购房者买房时会碰到的巨大差距。

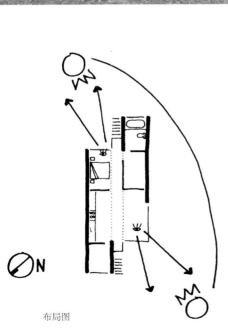

布局图

示意图 1

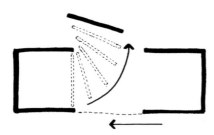

示意图 2

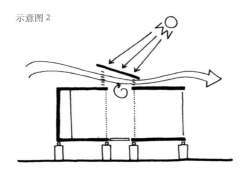

03 / 入口处
04 / 卧室
05 / 客厅

05

鸟瞰图

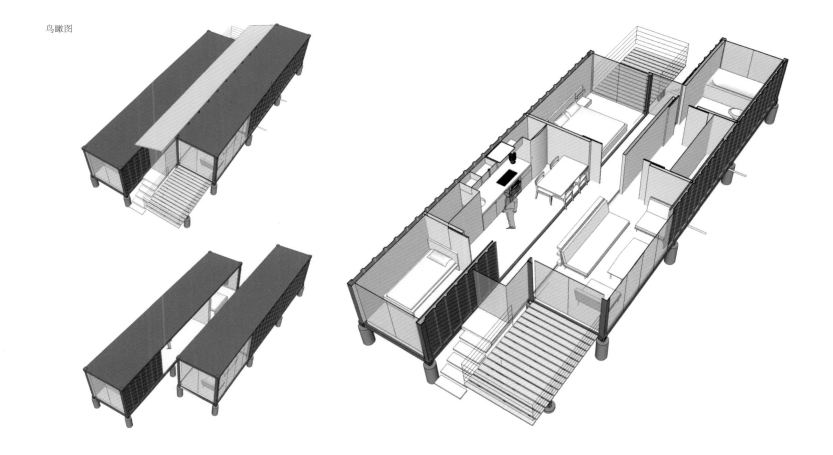

CPH 住宅

01

01 / CPH 住宅南侧图，该建筑有一个颇具特色的屋顶花园，同时前面宽阔的平台可供人们休息娱乐

02 / 在这座房子里可以欣赏到哥本哈根港著名的小美人鱼雕像

CPH 住宅是由集装箱制作的，它可以被简单且便宜地被运往全球各地。设计师提供一个即插即用的解决方案，人们不必担心他们居住的地方的地基和电力，或是供暖和卫生条件。

CPH 住宅可以被简单而便宜地改变形态。居住者的需求随着时间逝去会有所改变，房子可以根据这些需求合并、拆分和改建。单体住宅可以被改建成家庭或老年人居住住宅。这种灵活性使 CPH 住宅成为一种安全的长期住宅投资。CPH 住宅是为循环经济设计的低能耗建筑。它是用表面没有化学物质的可持续和低能耗的材料建成的，这些材料都可以拆除后被回收利用。CPH 住宅在修建阶段比传统建筑降低 80% 的二氧化碳排放量。

CPH 住宅所使用的有机和透气材料确保了室内的自然通风，保证了潮湿和污浊的空气随时排出室外。建筑的室内没有使用油漆，所以不会有因涂漆而产生的有害气体。最后，CPH 住宅还安装了一种获奖的内置通风系统，它随时监控并确保室内空气质量健康良好。

项目地点：丹麦哥本哈根 / **项目面积**：30 平方米 / **竣工时间**：2015 年 / **设计公司**：Tegnestuen Vandkunsten 建筑事务所 / **摄影**：CPH 集装箱公司 / **客户**：CPH 集装箱公司

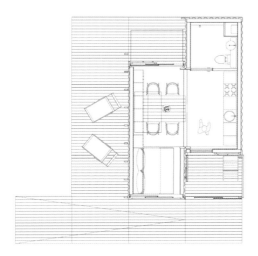

一楼平面图

CPH 住宅的材料和结构细节都是可见且触手可及的。这使得分离材料、改变和重新使用某些组件以及重建房子的某些部分变得既简单又便宜。简单的结构也意味着住户可以承担一部分维护的工作，减少房子的总成本。

CPH 住宅配备有厨房、浴室、集成多功能的橱柜和储存空间，以使房子的客厅能够最大化。智能的家居设计为住户提供了额外的生活空间，使住户感觉居住在这个宽敞的家中是舒适的，并且便于清理和储存东西。

对于现代低能耗住房来说，用旧的海运集装箱是一个显而易见的起点。它们稳固、灵活、便携，而且多年来，在欧洲各个港口已经堆积了成千上万这样的集装箱。每年，单是马士基一家公司就要淘汰掉 8 万个旧集装箱。

把重复利用作为建筑原则不仅对环境有益，也为每个家庭提供了一个独特的故事。一个集装箱平均每年环球航行 3 次，使用 14~20 年之后被淘汰。所以，集装箱在成为 CPH 住宅之前随船进行过大约 50 次环球旅行。

CPH 住宅的修建，模糊了"内部"和"外部"的区别。屋顶的露台和地面上的大露台联合在一起，为绿色植物提供了广阔的生长机会。一座完整的"冬日花园"就是一个房间为丰富的户外生活创造机会的一个特殊的例子。人们可以走楼梯从一层来到二层的冬日花园。花园里有足够的空间摆放桌椅并且栽培农作物，这里还是一个和朋友，邻居聚会的理想场所。

冬日花园被用现代的 4 层聚碳酸酯进行隔热处理，这可以增加人们全年在户外度过的时间。这个温室在早春或晚秋都很温暖舒适，适合人们在其中留宿。如果你在天黑后把一个光源放进温室里，冬日花园从远处看就会像一个温暖的灯笼。温室的 4 个方向都有美丽的景色，北面的窗外阳光普照，东面的窗户捕捉清晨的日出，南面细长的窗口为住户提供宽广的视野，西面巨大的窗户则让人直面夕阳。

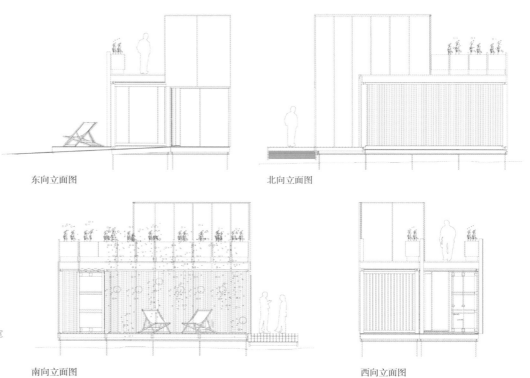

东向立面图　　　　　　　　　　　　　　北向立面图

03–04 / CPH 住房的内部空间，包括智能存储空间和宽
　　　　敞的生活空间
05 / 松木被选为主要的装饰材料
06 / 在该建筑的一层有一个小型的室内花园

南向立面图　　　　　　　　　　　　　　西向立面图

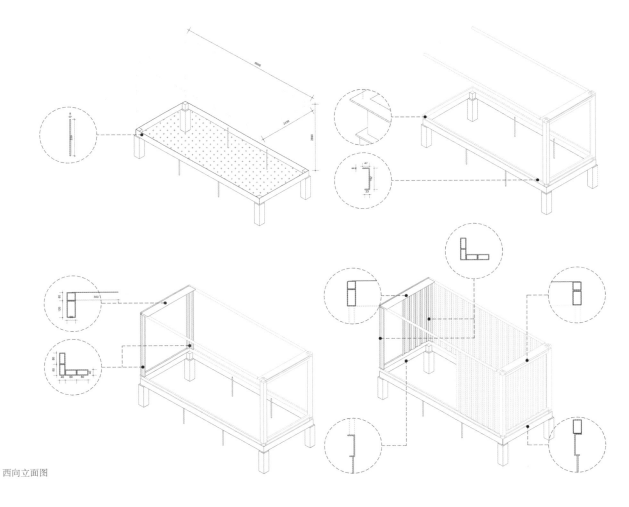

西向立面图

游牧生活住宅

01 / 该建筑的正面有一个宽阔的平台可供休息
02 / 在建筑的前客厅里有一个舒适的多功能沙发，为居住者提供了舒适的休息空间

这座建筑由集装箱组成。该集装箱有双层的屋顶和墙壁结构，使建筑内部更加凉爽并避免阳光直射屋顶。设计师们希望能为客户呈现一种被称作游牧生活的移动生活概念。这个移动式的即插即用概念是他们的经济住宅解决方案，它可以提供一下多种选择：

• 年轻房主的创业基地；
• 度假居所；
• 度假酒店概念；
• 客人们的小屋；
• 居家办公场所；
• 家庭音乐工作室；
• 弹出式商店；
• 客房。

项目地点：葡萄牙锡尔维什 / **项目面积：**30 平方米 / **竣工时间：**2014 年 / **设计公司：**Studio ARTE / **摄影：**卡洛斯·索萨

近些年来，由于对手机、平板电脑和机器人的使用，人类看起来似乎过上了一种都市游牧生活。人们对现代游牧生活的认识，包含了从游牧主义到一种可持续、经济且环保的建筑生活方式的转变。它也为地方的建筑条例提供了一种聪明的解答，没错，就是可移动性和灵活性。根据这一概念，设计师选取一些废弃的海运集装箱和小木屋。它们是建筑结构的骨架，增加各种建筑、机械和工程方面的特性后，它们可以被转变为能够提供所有必要舒适度的建筑。

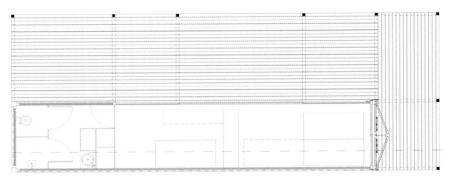

室内平面图

02

03 / 舒适的客厅
04 / 用餐区
05 / 摆放着桌椅的户外休息平台
06 / 户外休息平台上的吊床

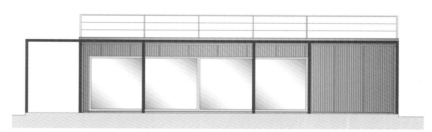

建筑南部滑动门窗的图纸

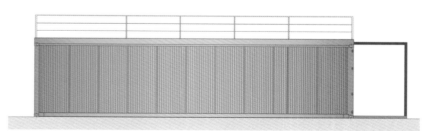

生活区正门图纸

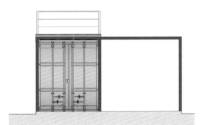

北侧图纸

东侧封闭面图纸

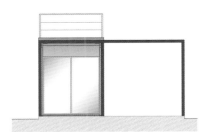

主玻璃门图纸

RDP 住宅

01 / 根据地势而建的 RDP 住宅
02 / 建筑正面图

设计师参与的这个项目是理解参与其中的各方意见和每个特定环境的特异性的一种解答。他们不打算从预定的解决方案中寻找答案，而是希望为这个房子设计出体现客户的愿望、经验和生活方式的方案。

当业主还是一个孩子的时候，他想要破解一座老旧的时钟的机械装置。他对机械的热情驱使他从事摩托车和汽车行业的工作。他对有寓意、实用且可拆卸的房子（以一种理解汽车配件是怎样组合起来的方式）非常感兴趣。无论这种建筑如何被建造，其方式必须是可见的。当设计师理解了这个想法并金属直接联系在一起时，他们想到了在集装箱里生活。他们决定尝试使用这种材料的其中一个主要原因是节约能源。计划确定下来之后，他们把一个 6 米长的集装箱和一个 12 米长的集装箱从瓜亚基尔运到了拉莫里塔。这些集装箱应该足够他们在一块相当平坦、脱离尘世噪音的绿地组装出一个独特的住房。

项目地点：厄瓜多尔拉莫里塔 / **项目面积：**252 平方米 / **竣工时间：**2015 年 / **设计公司：**丹尼尔·莫雷诺·弗洛雷斯和塞巴斯蒂安·卡莱罗 / **摄影：**洛雷纳·达克亚·斯凯蒂尼

这些集装箱不甚完美，保留着所有当初使用时留下的伤疤和历史。设计师们把这些集装箱规划为房子的补充空间：储藏室、浴室、壁橱和厨房。它们基本都保留着原始的状态。设计师们考虑不改变集装箱原本的结构，这样做，改装就需要有战略性的考量，并和照明、空气循环以及室内外的空间联系等要素联合起来考虑。为了显示材料的本质，涂漆被移到外部（可见的金属），同时，内部保持中性而卫生的白色。地面的工作可以稍后再进行，使用原木材料。

总平面布局图

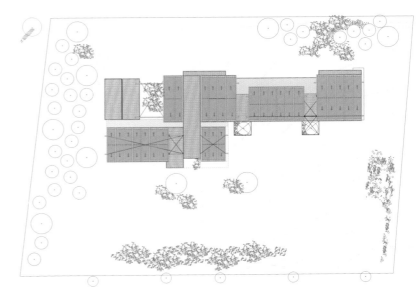

03

03 / 建筑细节图
04 / 建筑后视图
05 / 车库
06 / 两座建筑前面的休闲空地

设计师计划分 4 步建设这座房屋：

第一步是构建底座平台。设计师们使用抛光混凝土材质的长方形基石，使它们看起来像是一个个有作用的小斑点似的，有目的性地沿着地形安排和布局。由于这块土地有微小的高低起伏变化，因此，设计师们必须使平台尽可能不要比最高的地面突出太多，这使平台看起来像一个模糊的小岛。

第二阶段是使用机械起重机把集装箱在混凝土平台上组装、排列和固定。集装箱都由下方的混凝土平台支撑，稍微有些延伸到外面，提供一种平衡和重量控制的感觉。这些部分被分开放置，目的是创造和限定居住空间的同时构成可以架设屋顶的房屋承重墙。

第三阶段是定位和焊接金属横梁。这些房梁从一个集装箱穿过另一个集装箱，有助于加固混凝土砖瓦。

第四阶段包括架设索梁结构体系的屋顶，这有助于建成以木材为主要材料的卧室。整座住宅和室外环境（绿地和山地）联系紧密，集装箱之间的所有空间中没有什么其他材料，值得一提的元素只有带有玻璃的金属框架。

建筑师们还设计了 3 个机械系统，用以改变对空间的利用方式，一个可以上到二楼的手动升降梯，安装在卧室里的可操作的百叶窗，以及主浴室中的活动地板，可以将其折叠或展开来隐藏或展现其中的浴缸。所有这些方案都像游戏一样令使用者成为一种专门为他们设计出来的建筑风格的一部分。

04

05

06

07 / 建筑内部有很多循环木板装饰
08 / 卫生间
09 / 儿童浴室
10 / 餐厅和客厅

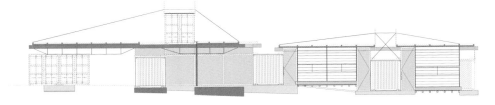

北向立面图

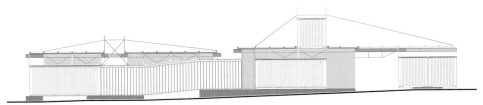

南向立面图

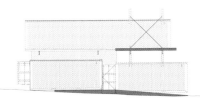

东向立面图

西向立面图

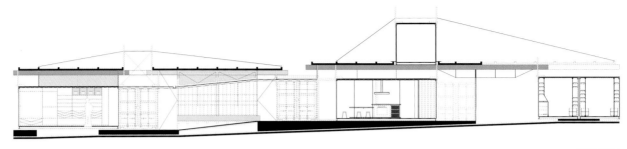

纵剖面图 1

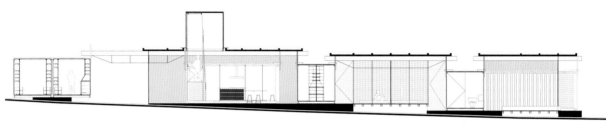

纵剖面图 2

11 / 主浴室
12 / 二楼画廊
13 / 主卧室
14 / 主卧室
15 / 儿童卧室

剖面图

韩国长兴低成本住宅

01 / 该建筑的外墙由半透明的聚碳酸酯板和集装箱构成
02 / 建筑物正面图

这是"低成本住宅系列"的第二个项目，该项目由韩国儿童基金会赞助，目的是改善低收入家庭的生活环境。这个房子坐落在朝鲜半岛东南部省份长兴镇的一个小村庄里，一对父母和他们的 5 个孩子共同生活在这个房子里。这是一个歪向一边的破旧老房子，旁边是一个废弃的牛棚，里面的牛粪吸引着各种苍蝇虫子。

设计师查看了整个建筑，决定将其拆除并重建。它显然不是能够翻修的状态，最重要的是，这看起来是唯一一个能够摆脱鼠患的办法。可是，设计师们面临着预算紧张的问题。

项目地点：韩国长兴 / **项目面积：**100.8 平方米 / **竣工时间：**2013 年 / **设计公司：**JYA-RCHITECTS / **摄影：**Hwang hyochel / **客户：**韩国儿童基金会

预算问题自然会使设计师必须想出一种既节省成本又能创造更多空间的方案。他们最终发现他们可以在建筑材料方面节省成本。设计师选择的是"集装箱住宅",它可以同时尽可能减少施工现场的工作量和施工时间。但是其缺点是保温效果较差,还会产生——尤其是垂直方向的——噪音,这些问题需要设计师来解决。因为这个建筑只有一层,设计师最关心的问题还是改善保温效果,以及利用 3 个集装箱(仅有 50.4 平方米)为七口之家创造足够的生活空间。

设计师的下一步解决方案是:首先分隔两个集装箱,在两者之间的空间创建一个露天的平台。其次,围绕整个空间建造另一个房子,使其成为"房子里的房子"。这样,建筑中形成三层隔热层,也创造出内部房子和外部房子之间的全新空间。这些额外的空间能通过大型的滑动门和自然相连,夏天的时候,打开滑动门,这些空间就变成了户外,而到了冬天,关上这些门,这些空间则成为室内。此外,这个建筑还包括一个开放式的楼层、一个阁楼和一个透明的屋顶,家中的 5 个孩子可以透过它看到天空,获得动态和多样化的"空间"体验。

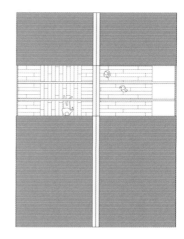

屋顶规划图

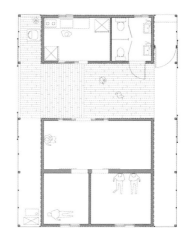

平面图 1

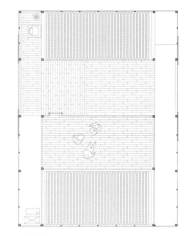

平面图 2

03 / 半透明的聚碳酸酯板和集装箱之间的阁楼空间
04 / 两座集装箱住宅之间的开放空间

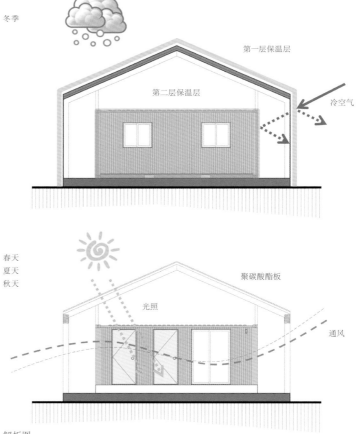

冬季

第一层保温层

第二层保温层

冷空气

春天
夏天
秋天

聚碳酸酯板

光照

通风

解析图

剖面图 1

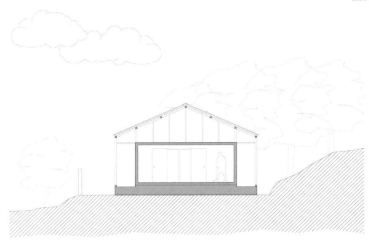

剖面图 2

飞马别墅

01 / 建筑物北侧视角
02 / 建筑物西侧视角
03 / 建筑施工期北侧视角

一对夫妇和他们的孩子选择一块倾斜的土地来建房养家。他们的愿望激起两种生活方式,并产生了3个不同的世界:第一个是父母的;第二个是孩子的;第三个是他们共享的。

白色砖砌建筑体从地表显现。埋在地下的部件(客厅)在土地的深处变得扭曲。楼梯和地形中最细微的起伏达成协议,把一切连接在一起,而在建筑模块之间滑动的部件紧紧抓住这些分配的内部零件。这个有机的整体是完全防水、自给自足的,它也能支撑其他东西。

项目地点:法国图卢兹 / **项目面积**:150 平方米 / **竣工时间**:2013 年 / **设计公司**:圣克里克·弗雷德里克 / **摄影**:圣克里克·弗雷德里克

第二个部件被放置在被掩盖的部分，靠着地上的白色的突起。它的组成是从属的：国际上普遍因为海运集装箱特殊的可以被堆叠的结构而将其回收作为住宅单元的材料被再次利用：8 个结构性角落统合了住宅单元的组合。可以自支撑的集装箱被安装在地下，它们坚不可摧。如果使用集装箱能体现环保的愿望，那么这种循环利用则成为一种充满诗意的回收：对集装箱的使用超越了其物理和功能层面，产生了一种特定的感知一致性。

飞马别墅的职能就像是天地间的一个接口。它们相互摩擦，随着每一次从一种布置到另一种布置的转变，独特的物理特性就显现出来，空间的氛围也随之改变。在偶然的情况下，另个系统之间产生了一个新的出乎意料的情况：一个对角线产生了。它打断了一种基于综合决策方法的活动，一种不同房间之间的循环流通。这个对角线是飞马别墅的"音乐性"，是一个影响房间安排的线条。这个共同要素没有形式，只有一种无处不在的功能，它影响着楼梯、走廊，有时也影响房间的布局。

大气阻力

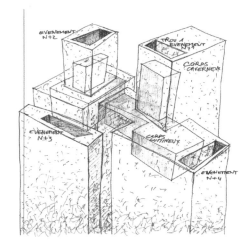

体积强度

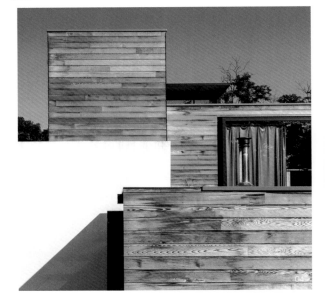

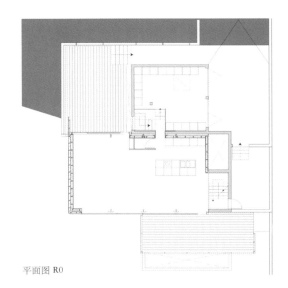

平面图 R0

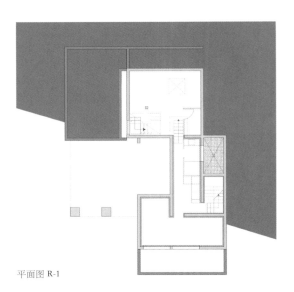

平面图 R-1

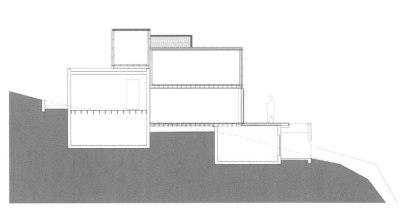

剖面图

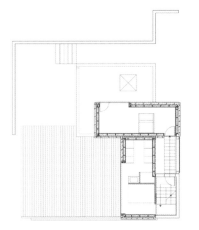

平面图 R+1

04 / 建筑西立面视角
05 / 建筑东立面视角
06 / 室内客厅
07 / 厨房

布罗德梅多学生公寓

01 / 建筑正面图
02 / 从花园处观看到的建筑全貌

布罗德梅多学生公寓邻近一个 6.47 公顷的公园，它是一项对异地整体建设的潜力的调查。这座模块化学生公寓由 27 个回收利用的海运集装箱建造，创造了 6 间 100 平方米的公寓。

由于该地区经常受到洪水侵袭，因此，建筑整体被抬高了一层楼的高度。结构上增加的高度使它在周边的土地上赫然矗立，成为一个地标式建筑。建筑外墙被喷涂成不同的灰色，而顶层的橘黄色象征着太阳在新的一天升起。

设计师们也在设法增加他们对模块化建设的认识。整栋大楼并非在现在建筑所在的位置建造，整个结构只用 3 天时间就可以全部组装起来，并且能够在 11 个月内结束全部工程。模块化建设的益处就在于其可以把废弃物保持在最少的限度，并提供一个低成本高效益的建筑，这座建筑的最终成本比使用传统方式建造这样一栋大楼少了 30%。

项目地点：美国纽黑文 / **项目面积：**1,003 平方米 / **竣工时间：**2015 年 / **设计公司：**Marengo Structures LLC / **摄影：**斯蒂法诺·帕斯夸莱蒂、克里斯蒂安·萨尔瓦蒂 / **客户：**金佰利·格拉索

立面图

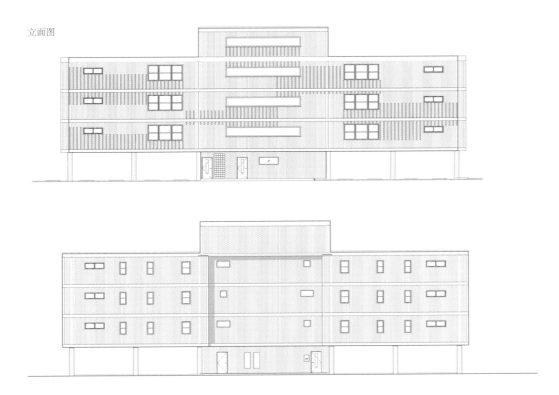

03 / 从相邻建筑的空隙观察到的布罗德梅多学生公寓的一部分
04 / 公寓后面视角
05 / 三楼走廊
06 / 卧室
07 / 明亮的客厅

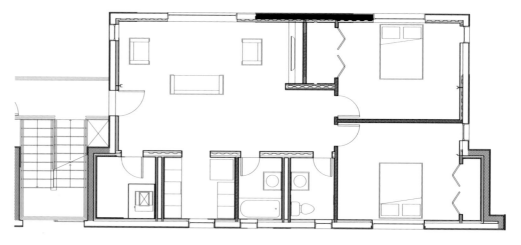

室内平面图

怀赫科岛智能集装箱住宅

01 / 建筑正面的平台上阳光明媚，是一处很好的休闲空间
02 / 建筑物的煤气以及水电系统均已安装完毕
03 / 建筑屋顶倾斜的太阳能板节省了很多能耗
04 / 整栋建筑深处原始树木之中

该项目建在自然保护区里的一个面朝长满树木的陡坡的地方，为了保护此地的自然环境，这里对于建筑物有很多限制条件，只有占地面积小、对周边环境影响最小的生态友好的住房才可以建在此地。而智能集装箱住宅非常适合此地。

其中一个集装箱是主要生活区，其内部布局设计简单实用，最大限度地利用了室外的空间和风景，室外空间构成了一个全天候的娱乐空间，有效地扩大了生活空间。另一个集装箱与第一个集装箱成垂直角度摆放，为住宅提供了额外的能够当作办公室和卧室的房间，来访的客人可以居住其中。

项目地点：新西兰奥克兰 / **项目面积**：45 平方米 / **竣工时间**：2015 年 / **设计公司**：IQ Container Homes Ltd / **摄影**：Unseen Perspective / **客户**：布伦达·凯利

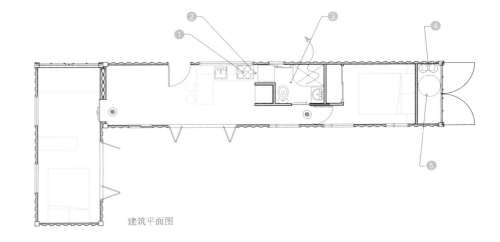

① 外部悬挂的排风扇
② 厨房和浴室之间的空间
③ 防潮层
④ 燃气热水器
⑤ 被当做雨水滞留带的雨水
收集槽

建筑平面图

由于智能集装箱具备结构上的完整性，因此有必要在集装箱四周架设木桩，以便最大限度地降低成本和减少对周围环境的影响。这个项目中，除了使用了优越的保温及环保材料以外，也安装了太阳能系统和雨水回收装置，既减少了长期运行成本，也使这个住宅变得更加健康和温暖。

虽然房间不大，可是衣柜门上的镜子、白色的内墙和大量的自然光照，都令人觉得空间变大了。设计师把每平方米的空间都聪明地利用起来，并把对充满创意的两用家具作为储存的解决方案，比如书桌床、升降式储物床、有储存功能的两用沙发，以及可以折叠进沙发中的活动床。室外还有基于废水处理系统的一片蔬菜园，几颗果蔬和一个蚯蚓培养区，它们和上述的室内外空间共同组成了这个体现可持续发展理念的杰作。

05 / 高高的窗户可以接收自然光线的照射并且保持室内外
通风，同时可以保护隐私
06 / 室内客厅及厨房
07 / 从室内看到的室外甲板休闲空间
08 / 大型折叠门可以保证室内外的通风流畅

① 连接到蓄水槽的管道
② 厨房通风门
③ 集装箱外部涂有一层专用涂料
④ 梯形屋顶
⑤ 双层铝合金玻璃及塑钢门窗
⑥ 永久封闭的门
⑦ 不同的集装箱被专用配件连接
　并固定在了一起

立面图

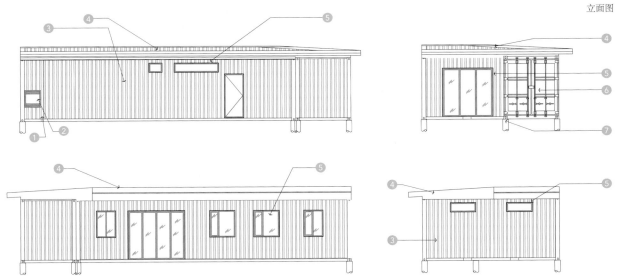

08

美国天主教大学
创意空间

总平面图

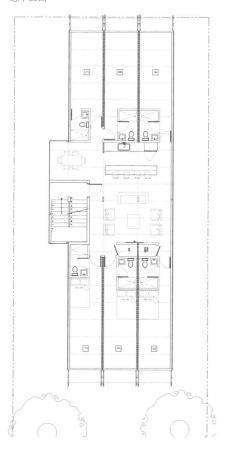

美国天主教大学创意空间是华盛顿特区内建设的第一个海运集装箱建筑,由 18 个卖给布鲁克兰地铁站附近的美国天主教大学的海运集装箱组成,每个单元都采用了高性能的节能设计。

回收使用海运集装箱的概念已经在全球发展多年,然而今年仅在美国就有超过 70 万个废弃集装箱,所以将其回收利用不但对保护生态环境来说极其必要,而且对美国的建筑业来说也意义重大。同等重要的是当地的美国天主教大学的毕业生所创立的金融、设计等行业的私营企业。华盛顿特区政府高度支持这些创业,对其采取免税的政策。

项目地点:美国华盛顿特区 / **项目面积:**743 平方米 / **竣工时间:**2014 年 / **设计公司:**Travis Price 事务所 / **摄影:**Travis Price 事务所 / **客户:**美国天主教大学

除了使用海运集装箱以外,这个创意空间也采取了其他的现代主义特征,透明的楼梯间、重视生态环境的走道和阳台的设计,都体现了可持续发展的观念。设计师还付出许多努力降低这些单元的能源消耗。这栋建筑的设计理念是为人们提供一个高效、人性化、温暖、现代和低成本的住房选择。除了豪华定制住宅以外,该项目未来的计划涵盖从以年轻人为目标市场的集装箱公寓到为无家可归者建造的集装箱村等各种不同标准的建筑。随着集装箱建筑的发展,会有越来越多的小户型公寓和高级公寓采用这种建材。

01 / 颇具创意性的集装箱正面图
02 / 集装箱侧面装有半透明的玻璃窗,既能保证采光,
　　又能保护隐私

02

03 / 站在街道上观察建筑物正面,可看到每一层都有阳台,
　　并且主卧室的滑动玻璃门可以用来通风
04 / 每间卧室的拐角处都有一个焊接门用于采光和通风
05 / 室内的厨房、客厅和饭厅共用一室,所有的墙壁和天
　　花板都贴有枫木胶合板,从而起到保温的作用
06 / 通过墙壁的大型窗户可以看到外面的绿色植被
07 / 灯光环绕下的夜景

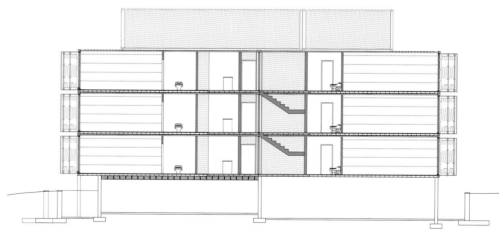

建筑物剖面图

05

06

07

索引

JYA-RCHITECTS   P226
Web: www.jyarchitects.com
Tel: +82 070 8658 9912
Email: JYArchitects@gmail.com

LOT-EK Architecture & Design   P50
Web: www.lot-ek.com
Tel: +001 (212) 255 9326
Email: press@lot-ek.com

Marengo Structures LLC   P234
Web: www.marengostructures.com
Tel: +001 646 824 8990
Email: info@marengostructures.com

Maria Jose Trejos Architect   P18
Web: mariajosetrejos.com
Tel: +506 8352 3545
Email: mj@mariajosetrejos.com

Matt Mueller   P172
Tel: +86 18516191371
Email: matt.mueller@included.org

MMW Architects   P138, P176
Web: www.mmwarchitects.com
Tel: +001 406 543 5800
Email: mmw@mmwarchitects.com

MU Architecture   P104
Web: www.architecture-mu.com
Tel: +33 514 907 9092
Email: info@architecture-mu.com

NL Architects   P144
Web: www.nlarchitects.nl
Tel: +31 (0) 20 620 73 23
Email: office@nlarchitects.nl

Playze   P64
Web: www.playze.com
Tel: +49 30 2759 5039
Email: berlin@playze.com

proyectoARQtainer   P100
Web: www.arqtainer.cl
Tel: +56 9 8960 1765
Email: contacto@arqtainer.cl

Robinson Architects   P202
Web: www.robinsonarchitects.com.au
Tel: +61 3 5442 8566
Email: jolyon@robinsonarchitects.com.au

Room 11   P42
Web: www.room11.com.au
Tel: +61 3 9419 5575
Email: info@room11.com.au

S+ diseno   P196
Web: www.esemas.com.mx
Tel: +52 33 11500026
Email: sara@esemas.com.mx

Softroom   P126
Web: www.softroom.com
Tel: +44 (0) 203 597 6888
Email: softroom@softroom.com

Studio ARTE   P214
Web: www.studioarte.info
Tel: +351 962 042 933 +351 282 445 776
Email: info@studioarte.info

Travis Price Architects   P242
Web: www.travispricearchitects.com
Tel: +001 (202) 965 7000
Email: info@travispricearchitects.com

Tegnestuen Vandkunsten   P210
Web: mid.vandkunsten.dk/kontakt
Tel: +45 32 54 21 11
Email: vandkunsten@vandkunst.dk

Teresa Sapey Studio Architects
P108
Web: www.teresasapey.com
Tel: +34 9 1745 0876
Email: press@teresasapey.com

Tomokazu Hayakawa Architects
P38, P96
Web: www.thykw.com
Tel: +81 3 6416 9736
Email: info@thykw.com

Whitaker Studio   P54
Web: www.whitakerstudio.co.uk
Tel: +44 207 254 7214
Email: enquiries@whitakerstudio.co.uk

Yasutaka Yoshimura Architects   P134
Web: www.wp.ysmr.com
Tel: +81 3 6434 0386
Email: mail@ysmr.com

图书在版编目(CIP)数据

移动的建筑:摩登集装箱／(南非)艾丹·哈特(Aidan Hart)编;
齐梦涵译.—桂林:广西师范大学出版社,2016.9
ISBN 978 - 7 - 5495 - 8695 - 0

Ⅰ.①移… Ⅱ.①艾… ②齐… Ⅲ.①集装箱-建筑设计
Ⅳ.①TU29

中国版本图书馆 CIP 数据核字(2016)第 197249 号

出 品 人:刘广汉
策　　划:安利　安利艺术工作室／瀚宇集装箱
责任编辑:肖　莉　孟　娇
版式设计:张　晴
广西师范大学出版社出版发行

(广西桂林市中华路22号　　邮政编码:541001)
(网址:http://www.bbtpress.com)
出版人:张艺兵
全国新华书店经销
销售热线:021 - 31260822 - 882/883
恒美印务(广州)有限公司印刷
(广州市南沙区环市大道南路334号　邮政编码:511458)
开本:635mm×1 016mm　　1/8
印张:31　　　　　字数:55 千字
2016 年 9 月第 1 版　　2016 年 9 月第 1 次印刷
定价:258.00 元